建筑工程职业技能岗位培训图解教材

防水工

本书编委会　编

中国建筑工业出版社

图书在版编目（CIP）数据

防水工 / 本书编委会编．—北京：中国建筑工业出版社，2016.1
建筑工程职业技能岗位培训图解教材
ISBN 978-7-112-18894-9

Ⅰ.①防… Ⅱ.①本… Ⅲ.①建筑防水—工程施工—岗位培训—教材 Ⅳ.① TU761.1-44

中国版本图书馆 CIP 数据核字（2015）第 306656 号

本书是根据国家颁布的《建筑工程施工职业技能标准》进行编写的，主要介绍了防水工的基础知识、防水材料、防水施工机具、屋面防水、地下室防水施工、厕浴间防水、防水工程施工质量验收等内容。

本书内容丰富，详略得当，用图文并茂的方式介绍防水工的施工技法，便于理解和学习。本书可作为建筑工程职业技能岗位培训相关教材使用，也可供建筑施工现场防水工人参考使用。

责任编辑：武晓涛
责任校对：赵　颖　张　颖

建筑工程职业技能岗位培训图解教材
防水工
本书编委会　编
*
中国建筑工业出版社出版、发行（北京西郊百万庄）
各地新华书店、建筑书店经销
北京京点图文设计有限公司制版
北京市书林印刷有限公司印刷
*
开本：787×1092 毫米　1/16　印张：10¾　字数：184 千字
2016 年 4 月第一版　2016 年 4 月第一次印刷
定价：31.00 元（附网络下载）
ISBN 978-7-112-18894-9
（28159）

《防水工》
编委会

主编： 刘立华

参编： 王志顺　张　彤　伏文英　陈洪刚
刘　培　何　萍　范小波　张　盼
王昌丁　李亚州

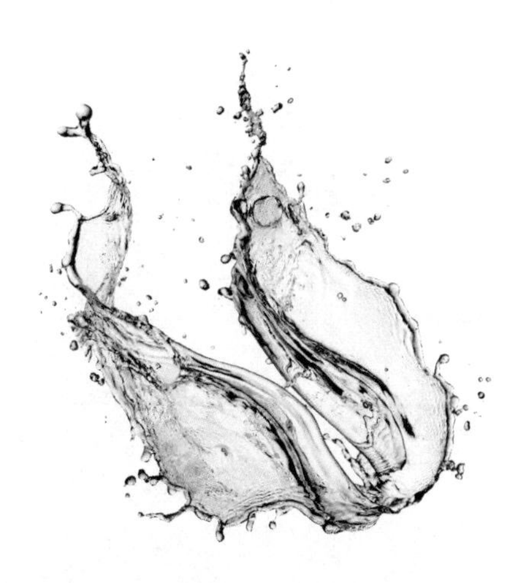

前 言

近年来，随着我国经济建设的飞速发展，各种工程建设新技术、新工艺、新产品、新材料也得到了广泛的应用，这就要求提高建筑工程各工种的职业素质和专业技能水平，同时，为了帮助读者尽快取得《职业技能岗位证书》，熟悉和掌握相关技能，我们编写了此书。

本书是根据国家颁布的《建筑工程施工职业技能标准》进行编写的，主要介绍了防水工的基础知识、防水材料、防水施工机具、屋面防水、地下室防水施工、厕浴间防水、防水工程施工质量验收等内容。

本书内容丰富，详略得当，用图文并茂的方式介绍防水工的施工技法，便于理解和学习。本书可作为建筑工程职业技能岗位培训相关教材使用，也可供建筑施工现场防水工人参考使用。同时为方便教学，本书编者制作有相关课件，读者可从中国建筑工业出版社官网下载。

本书编写过程中，尽管编写人员尽心尽力，但错误及不当之处在所难免，敬请广大读者批评指正，以便及时修订与完善。

编者

2015 年 11 月

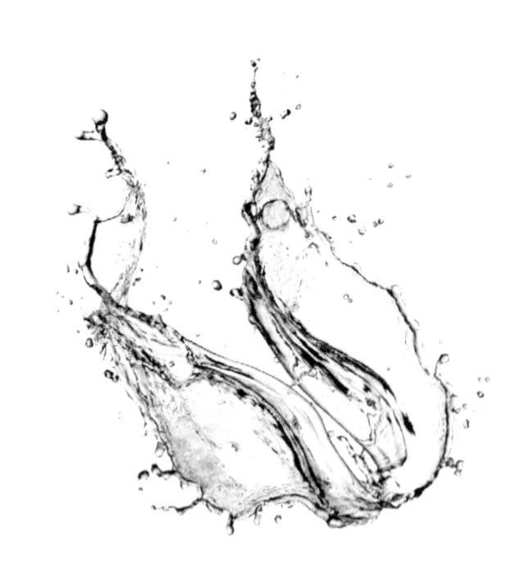

目　录

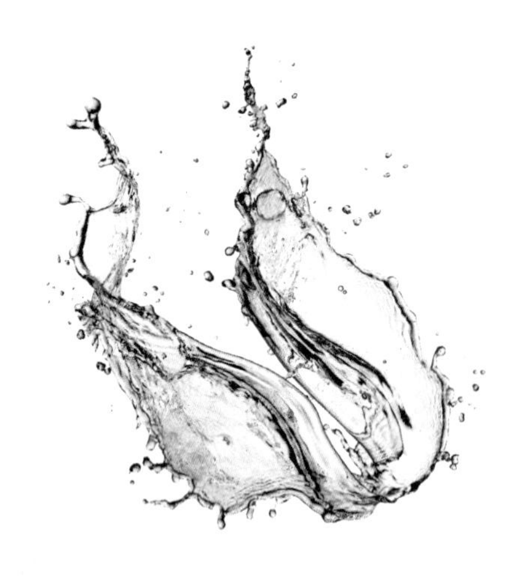

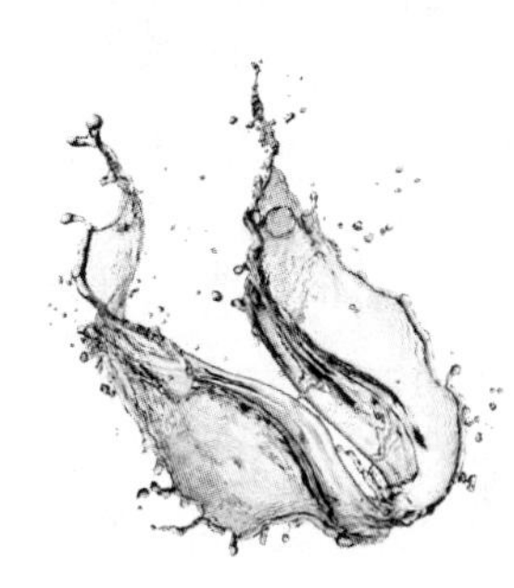

第一章 防水工的基础知识

第一节 防水工职业技能等级要求

1. 初级防水工应符合下列规定

(1) 理论知识

1) 熟悉常用工具、量具名称，了解其功能和用途；
2) 了解常用的基本检测要求；
3) 熟悉常用防水材料名称、种类、特性、用途；
4) 了解常见的防水施工工艺和施工方法；
5) 了解常见的防水部位；
6) 了解安全生产常识；
7) 熟悉安全生产防护用品。

(2) 操作技能

1) 能够涂刷沥青防水涂料和常用合成高分子防水涂料；
2) 会涂刷特殊涂料（如沥青玛蹄脂等）；
3) 能够粘贴沥青、常用合成高分子卷材；
4) 会推滚高聚物改性沥青防水卷材；

5）会涂刷常用合成高分子防水卷材粘结剂；

6）会填嵌建筑防水密封胶背衬材料及其他密封材料；

7）会粘贴、揭除防水密封胶施工中的遮挡胶条；

8）会拌制、涂刷或铺抹建筑防水砂浆；

9）会按压浆堵漏要求凿基层槽及压浆；

10）会清洗冲击钻、切割机、压浆机、熬沥青设备等；

11）会使用劳防用品进行简单的劳动防护。

2. 中级防水工应符合下列规定

(1) 理论知识

1）熟悉防水层质量、基层等基础知识；

2）熟悉常用防水涂料施工、防水卷材施工等要点；

3）了解常用防水嵌缝胶施工、防水砂浆施工、压浆堵漏剂施工等要点；

4）了解常用防水涂料细部施工、防水卷材细部施工、嵌缝材料细部施工、防水砂浆施工、压浆堵漏材料施工等操作知识；

5）了解质量验收基础知识；

6）熟悉安全生产操作规程。

(2) 操作技能

1）会搅拌和调制常用高聚物改性沥青防水涂料、合成高分子防水涂料；

2）能够涂刷常用高聚物改性沥青防水涂料特殊部位；

3）能够裁剪沥青卷材；

4）会粘贴沥青卷材细部；

5）会控制高聚物改性沥青防水卷材火焰加热器；

6）会处理高聚物改性沥青防水卷材搭接部位加热和粘结；

7）能够控制常用合成高分子防水卷材粘贴时间；

8）会粘贴常用合成高分子防水卷材特殊部位和搭接部位；

9）会处理建筑防水密封胶缝基层、建筑防水砂浆基层；

10）会调制建筑防水密封胶；

11）会铺抹建筑防水砂浆特殊部位；

12）能够养护建筑防水砂浆；

13）能封闭压浆堵漏压浆槽；

14）会安装压浆堵漏压浆接头；

15）会常规维护冲击、切割机械、压浆机和熬沥青设备；

16）能够在作业中实施安全操作。

3. 高级防水工应符合下列规定

（1）理论知识

1）了解防水施工环境基础知识；

2）了解防水技术规范知识；

3）熟悉常用防水涂料、防水卷材、防水嵌缝胶、防水砂浆、压浆堵漏剂技术指标和检验知识；

4）熟悉常用防水涂料、防水卷材、嵌缝材料、防水砂浆、压浆堵漏材料质量标准和检验方式；

5）了解质量验收基础知识；

6）了解班组管理基础知识；

7）掌握预防和处理质量和安全事故方法及措施。

（2）操作技能

1）会控制常用防水涂料、常用卷材、常用建筑防水密封胶等施工环境；

2）能够处理常用防水涂料、防水卷材、防水密封胶缝的防水基层；

3）会检验常用防水涂料、防水卷材等防水层施工质量；

4）会验收常用防水涂料、防水卷材、防水密封胶、防水砂浆等的材料质量；

5）熟练进行常用合成高分子防水卷材防水基层处理；

6）能够检验常用建筑防水密封胶施工、常用建筑防水砂浆、压浆堵漏施工等质量；

7）会寻找压浆堵漏漏水点；

8）会排除相关设备的简单故障；

9）能够检查安全措施落实情况并按安全生产规程指导初、中级工作业。

4. 防水工技师应符合下列规定

（1）理论知识

1）熟悉防水层与相关层施工基本程序基础知识；

2）熟悉防水专业施工图知识；

3）熟悉常用防水涂料、防水卷材、防水嵌缝胶、防水砂浆、压浆堵漏剂等特性和用量知识；

4）掌握常用防水涂料、防水卷材、嵌缝材料、防水砂浆、压浆堵漏材料等的施工程序和缺陷修补知识；

5）了解施工方案编制基础知识；

6）了解质量控制基础知识；

7）熟悉有关安全法规及一般安全事故的处理程序。

（2）操作技能

1）会安排沥青涂料施工工序；

2）能够检验沥青玛蹄脂质量；

3）会编制高聚物改性沥青防水涂料、合成高分子防水涂料、沥青卷材、高聚物改性沥青防水卷材、合成高分子防水卷材、建筑防水密封胶、建筑防水砂浆、压浆堵漏等施工方案；

4）能够修补高聚物改性沥青防水涂料、合成高分子防水涂料、沥青卷材、高聚物改性沥青防水卷材、合成高分子防水卷材、建筑防水密封胶、建筑防水砂浆、压浆堵漏等施工质量缺陷；

5）会编制新设备使用制度；

6）会按新材料、新设备、新技术特点编制施工方案；

7）能够根据生产环境，提出安全生产建议，并处理一般安全事故。

5. 防水工高级技师应符合下列规定

（1）理论知识

1）了解防水设计基础知识；

2）熟悉常用防水涂料、防水卷材、防水嵌缝胶、防水砂浆、压浆堵漏剂等施工难点和适用性知识；

3）掌握常用防水涂料、防水卷材、嵌缝材料、防水砂浆、压浆堵漏材料等施工通病防治知识；

4）熟悉技术管理基础知识；

5）掌握有关安全法规及突发安全事故的处理程序。

（2）操作技能

1）能够设计沥青玛蹄脂、建筑防水砂浆等配合比；

2）能够针对高聚物改性沥青防水涂料、合成高分子防水涂料、沥青卷材、高聚物改性沥青防水卷材、合成高分子防水卷材等施工质量通病编制技术防范措施；

3）熟练进行现场指导和解决压浆堵漏难题；

4）能够选择合适防水新设备；

5）能够编制防水新材料质量缺陷修复技术方案和防水新技术运用规则；

6）能够编制突发安全事故处理的预案，并熟练进行现场处置。

第二节 房屋建筑的主要构造

房屋建筑的主要构造包括基础、主体结构、装饰装修（地面、门窗、抹灰、饰面板、涂饰等）、建筑屋面、建筑给水排水及采暖、建筑电气、智能建筑、通风与空调、电梯等分部工程。在这些构造中与防水密切相关的是基础、主体结构的墙、装饰装修之地面、门窗和建筑屋面工程。

1. 基础

基础位于主体结构的下端，直接与主体结构相连接，坐落于地基之上，一般处于地下。基础的作用是承受建筑物的全部荷载，并均匀地传递给地基。基础的形式有：条形基础、独立基础、桩基础和平板式、筏形与箱形基础。由于所处位置和工作环境的关系，基础经常受到地下水、地表水的侵蚀，一般都要求进行防水设计；基础（地下工程）的变形缝、施工缝、诱导缝、后浇带、穿墙管、预埋件、预埋通道接头、桩头等细部构造，应加强防水措施。

2. 墙柱

墙是主体结构的重要组成部分。墙有外墙、内墙之分。外墙是房屋建筑的围护结构，要有一定的坚固性，并能抵御和隔绝自然界风、雨、雪的侵袭，具有防盗、隔声、隔热、防寒的功能。内墙则是将建筑物分隔成具有不同功能的房间和走廊。墙分承重墙和非承重墙。承重墙将上部荷载传递给下部结构，非承重墙主要起围护作用和分隔作用。

墙体材料很多，目前应用的墙体材料主要有砖、石、混凝土小型空心砌块、加气混凝土砌块、轻质高强墙板、现浇钢筋混凝土、压型金属保温墙板等。

柱是框架结构建筑中的承重构件，常用普通黏土砖、钢筋混凝土和型钢制成。

3. 变形缝

变形缝为伸缩缝、沉降缝、防震缝的总称。变形缝将建筑物分成几个相对独立的部分，使各部分能相对自由变形，而不致影响整个建筑物。

（1）伸缩缝

伸缩缝是为了防止因气候变化而引起建筑物的热胀冷缩并可能造成损坏而人为设置的将建筑物主体结构断开的缝隙。伸缩缝在建筑物的基础部分不断开，其余上部结构全断开。变形缝的宽度一般为 20 ～ 30mm，在砖混结构中每 60m 设置一条，在现浇混凝土结构中每 50m 设置一道。墙缝或地面缝中填沥青油麻，并用金属或塑料板封盖；屋面上的伸缩缝做法将在屋面防水工程施工中详述。

（2）沉降缝

当建筑物的相邻部位高低不同，荷载相差较大或结构形式不同，以及两部位所处的地基承载力不同时，建筑物会产生不均匀沉降。为了防止相邻部位因沉降不均匀而造成建筑物断裂，必须设置沉降缝，使各自能自由沉降。沉降缝的基础部位也是断开的。沉降缝的宽度与地基情况和建筑物的高度有关，一般都比伸缩缝要宽。沉降缝的处理与伸缩缝基本相同。

（3）防震缝

在设防烈度为 7 度以上的地区，当建筑物立面高差较大，各建筑部分结构刚度有较大的变化，或荷载相差悬殊时要设置防震缝。防震缝沿建筑物全高设置，基础可以不设防震缝。防震缝的宽度由设计计算确定。防震缝的处理与伸缩缝基本相同。

4. 地面

建筑地面包括建筑物底层地面和楼层地面，并包含室外散水、明沟、踏步、台阶、坡道等。建筑地面一般应由面层、结合层、找平层、隔离层（防水层、防潮层）、找平层、垫层或楼板、基土（底层地面垫层下的土层）等结构层组成。

有防水要求的楼面工程，在铺设找平层前，应对立管、套管和地漏与楼板节点之间进行密封处理。厕浴间和有防水要求的建筑地面应铺设隔离层，其楼面结构层应用现浇水泥混凝土或整块预制钢筋混凝土板，其混凝土强度等级不应小于 C20。地面结构层标高应结合房间内外标高差、坡度流向以及隔离层能裹住地漏等进行施工。面层铺设后不应出现倒坡泛水和地漏处渗漏。在水泥砂浆或混凝土找平层上铺涂防水材料隔离层时，找平层表面应洁净、干燥，并应涂刷基层处理剂。基层处理剂应采用与卷材性能配套的材料或采用同类涂料的底子油。可以用沥青砂浆或沥青混凝土作找平层、隔离层和面层；当采用沥青砂浆或沥青混凝土作面层时，其配合比应由试验确定，面层的厚度应符合设计要求。

5. 屋面

屋面处于建筑物的顶部，主要作用是防止雨（雪）水、防止紫外线进入室内和对房间进行保温、隔热。屋面有坡屋面（坡度大于 10% 的屋面）和平屋面之分。屋面的构造主要由结构层、找平层、保温层、隔汽层、防水层、保护层、通风隔热层等组成，如图 1-1 所示。由于建筑的需要，屋面上常设有落水口、出气孔、烟囱、入孔、天窗，还有的在屋面上安装设备，或作为游泳池、运动场、停机坪等使用，所以屋面结构是比较复杂的，防水要求也是很高的。

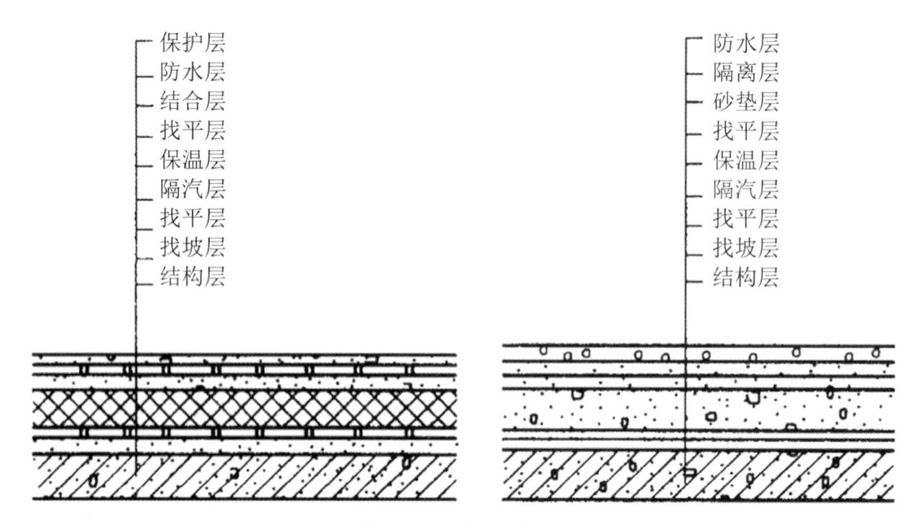

图 1-1 屋面构造

（1）结构层

结构层的作用是承受房屋上面各层的荷载，同时承受风荷载、雨雪荷载和活荷载等，并将各种荷载传到下面的结构上去。屋面结构层有木质和钢筋混凝土等结构形式，以钢筋混凝土屋面板应用最多。钢筋混凝土屋面板不论是现场浇筑式还是预制装配式，均应采取措施避免产生裂缝，成为屋面的一道防水层。

（2）找平层

找平层是为保证结构层或保温层上表面光滑、平整、密实并具有一定强度而设置的，其作用是为隔汽层、保温层或防水层的铺设提供良好的基层条件，排水坡度应符合设计要求。找平层可采用水泥砂浆、细石混凝土，厚度根据基层和保温层的不同在 15 ～ 35mm 之间选定。水泥砂浆找平层宜掺微膨胀剂。找平层应设分格缝，缝宽宜为 20mm，缝内嵌填密封材料；分格缝应留设在板的支承处，其纵横缝的最大间距为：采用水泥砂浆或细石混凝土找平层时，不宜大于 6m。

（3）隔汽层

在我国北方（例如纬度 40° 以北地区）的屋面一般都做成保温屋面。当室内空气湿度大于 75%，冬季室外温度较低时，室内空气中的湿气和屋面材料中的水分将在不透气的防水层下产生大量凝结水；夏季高温时将在防水层下产生大量水蒸气，就会造成防水层起鼓裂缝，防水层极易疲劳老化受到破坏。其他地区室内空气湿度常年大于 80% 时，也会出现上述情况。为了防止室内空气中的湿气凝结水现象或水蒸气现象的产生，一般在屋面结构层与保温层之间设置一道隔汽层。隔汽层可采用气密性好的单层卷材或防水涂料铺设。

（4）保温层

保温层是为了防止热天高温、冷天低温侵入室内，在屋面上用导热系数低的材料设置的具有一定厚度的结构层。屋面保温层可采用松散材料保温层

（例如膨胀蛭石、膨胀珍珠岩等）、板状材料保温层（例如泡沫塑料板、微孔混凝土板、沥青膨胀蛭石板、沥青膨胀珍珠岩板等）或整体现浇（喷）保温层（例如沥青膨胀蛭石、沥青膨胀珍珠岩、硬质聚氨酯泡沫塑料）。保温层的厚度根据材料种类由设计计算决定。保温层应干燥，当保温层干燥有困难时，应采用排汽措施。

（5）防水层

防水层是屋面的重要组成部分，其作用是防止雨水、雪透过屋面进入建筑物内。坡屋面以构造防水为主、防水层防水为辅；平屋面以防水层防水为主；地下结构也以防水层防水为主。根据建筑物的类别、重要程度、使用功能要求不同，屋面防水分为两个等级，如表 1-1 所示。

屋面防水等级和设防要求　　表 1-1

防水等级	建筑类别	设防要求
I	重要建筑和高层建筑	两道防水设防
II	一般建筑	一道防水设防

常见的防水屋面有：卷材防水屋面、涂膜防水屋面、刚性防水屋面、瓦屋面（平瓦屋面、油毡瓦屋面、金属板材屋面）、隔热屋面（架空隔热屋面、蓄水屋面、种植屋面）。

（6）隔热层

隔热层可采用架空隔热板、蓄水隔热层、种植隔热层。架空隔热屋面宜在通风较好的建筑物上采用，不宜在寒冷地区采用；蓄水屋面不宜在寒冷地区、地震区和震动较大的建筑物上使用，蓄水屋面的坡度不宜大于 0.5%；种植屋面应有 1% ～ 3% 的坡度，架空隔热屋面的坡度不宜大于 5%；蓄水屋面、种植屋面的防水层应选择耐腐蚀、耐穿刺性能好的材料。

6. 阳台与雨篷

阳台与雨篷都是挑出墙面的构造，是房屋构造的组成部分。阳台底面标高应低于室内地面标高，防止雨水进入室内。阳台设排水管和地漏，以便将进入阳台的雨水等排出。

7. 楼梯和门窗

（1）楼梯

楼梯是供楼层间上下交通使用的，由楼梯踏步、栏杆与扶手、平台组成。

（2）门窗

门是供人们出入房间而设的，窗的主要作用是采光和通风，并有一定的装饰作用。

8. 天窗架与屋面板

（1）天窗架

在单层工业厂房中，为了满足天然采光和自然通风的要求，在屋顶上要设置天窗，如图 1-2 所示。常见的天窗有矩形天窗、锯齿形天窗和平天窗。天窗架是天窗的承重结构，它直接支承在屋架上。

（2）屋面板

屋面板有多种形式，最常见的为大型钢筋混凝土屋面板，面积大，刚性好。

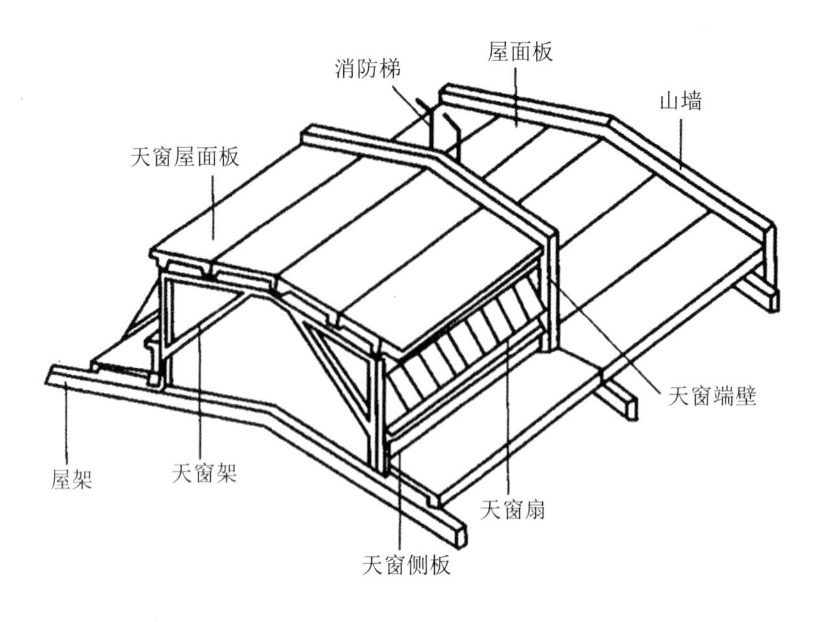

图 1-2 矩形天窗构造图

第三节 防水工安全防护知识

1. 防火措施

1）建筑防水工程施工必须遵守国务院颁布的《建筑安装工程安全技术规程》和《中华人民共和国消防法》，严格执行公安部关于建筑工地防火及其他有关安全防火的专门规定。

2）对进场的职工进行消防安全知识教育，建立现场安全用火制度，在显著位置设防火标志。不经安全教育不准进场施工。

3）用火前，必须取得现场用火证明，并将用火周围的易燃物品清理干净，设有专人看火。

4）施工现场应备有泡沫灭火器和其他消防设备。

5）沥青锅设置地点，应选择便于操作和运输的平坦场地，并应处于工地的下风头，沥青锅距建筑物和易燃物应在25m以上，距离电线在10m以上，周围严禁堆放易燃物品。

6）沥青锅烧火口处，必须砌筑1m高的防火墙，锅边应高出地面30cm以上，相邻两个沥青锅的间距不得小于3m，沥青锅的上方宜设置可升降的吸烟罩。

7）熬制沥青时，投放锅内的沥青数量应不超过锅全部容积的2/3，沥青如水分过多，需降低熬制温度，加热温度要严格控制，经常测试，不要超过沥青的闪点。

8）调制冷底子油时，应严格控制沥青的配置温度，防止加入溶剂时发生火灾，同时调制地点应远离明火10m以外，操作人员不得吸烟。

9）采用热熔法施工时，石油液化气罐、氧气瓶等应有技术检验合格证，使用时，要严格检查各种安全装置是否齐全有效，施工现场不得有其他明火作业，遇屋面有易燃设备时，应采取隔离防护措施。

10）火焰喷枪或汽油喷灯应由专人保管和操作，点燃的火焰喷枪（或喷灯口）不准对着人员或堆放卷材处，以免烫伤或着火。

11）喷枪使用前，应先检查液化气钢瓶开关及喷枪开关等各个环节的气密性，确认完好无损后才可点燃喷枪，喷枪点火时，喷枪开关不能旋到最大状态，应在点燃后缓缓调节。

12）所有溶剂型材料均不得露天存放。

13）五级以上大风及雨雪天暂停室外热熔防水施工。

2. 防毒措施

1）挥发性溶剂，其蒸汽被人吸入会引起中毒，如在室内使用，要有局部排风装置。

2）从事有毒原料施工的人员应根据需要穿戴防毒口罩、胶皮手套、防护眼镜、工作服、胶鞋等防护用品（图1-3）。

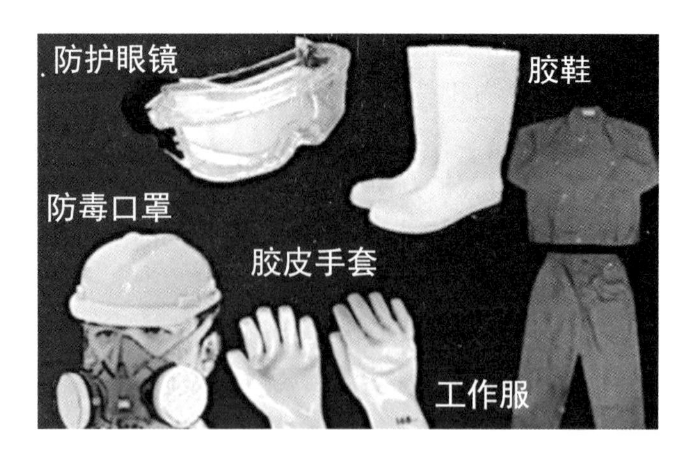

图 1-3　防护用品

3）乙二胺类物质对皮肤有强烈的腐蚀作用，如接触应立即用清水冲洗，然后再用酒精擦净。

4）工人在操作中，若吸入有毒有害气体出现头晕、头痛、胸闷等不适症状，应立即离开操作地点，到通风凉爽的地方休息，并请医生诊治。

5）溶剂等从容器中往外倾倒时，要注意避免溅出伤人。

6）所有溶剂及有挥发性的防水材料，必须用密封容器包装。

7）废弃的防水材料及垃圾要集中处理，不能污染环境。

8）操作者工作完毕后，应洗脸洗手，不洗手不得吃东西和吸烟，最好要全身淋浴以防中毒。

3. 施工现场安全防护措施

1）从事高处作业人员要定期体检，凡患高血压、心脏病、贫血病、癫痫病以及其他不适合高处作业的疾病的人员，不得从事高处作业。

2）操作人员进入施工现场必须戴安全帽，从事高处作业的人员要挂好安全带，高处作业人员衣着要扎紧，禁止穿拖鞋、高跟鞋或赤脚进场作业。

3）五级风以上或遇有雨雪等恶劣天气影响施工安全时，应停止作业。

4）脚手架应按规程标准支搭，按照规定支设安全网；施工层脚手架要铺严扎牢，不准留单跳板、探头板；脚手板与建筑物的空隙不得大于 200mm。

5）预留洞口、阳台口和屋面临边等应设防护措施，在距檐口 1.5m 范围内应侧身施工。

图 1-4　吊篮

6）使用吊篮施工（图 1-4），必须经过安全部门验收，吊篮防护必须严密，保险绳应牢固可靠。

7）高处作业所用的材料要堆放平稳，工具或零星物料应放在工具袋内，上下传递物件禁止抛掷。

8）使用高车井架或外用电梯时，各层应注意上下联系信号，操作前应预先检查过桥通道是否牢固，上料时，小车前后轮应加挡车横木，平台上人员不得向井内探头。

9）在坑槽内施工时，应经常检查边壁土质稳固情况，发现异常，立即通知有关人员。

10）闷热天在基坑槽内施工时，应定时轮换作业，以免发生危险。

11）使用手持式电动工具必须装有漏电保护装置，操作时必须戴绝缘手套。

12）作业的垂直下方不得有人，以防掉物伤人。

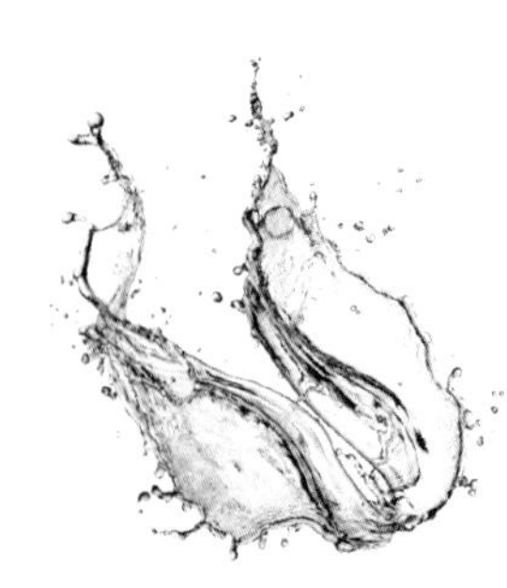

第二章 防水材料

第一节 防水材料的特点及选用要求

目前市场的防水材料包括：防水卷材、防水涂料、防水密封材料、刚性防水材料、堵漏防水材料以及瓦类防水材料等。

1. 防水材料的性能和特点

有关各类防水材料的性能和特点见表 2-1。

各类防水材料的性能和特点 表 2-1

性能特点 性能指标 \ 材料类别	合成高分子卷材		高聚物改性沥青卷材	沥青卷材	合成高分子涂料	高聚物改性沥青涂料	沥青基涂料	防水混凝土	防水砂浆
	不加筋	加筋							
抗拉强度	○	○	△	×	△	△	×	×	×
延伸性	○	△	△	×	○	△	×	×	×
匀质性（厚薄）	○	○	○	△	×	×	×	△	△
搭接性	○△	○△	△	△	○	○	○	—	△

续表

性能指标 \ 性能特点 \ 材料类别	合成高分子卷材		高聚物改性沥青卷材	沥青卷材	合成高分子涂料	高聚物改性沥青涂料	沥青基涂料	防水混凝土	防水砂浆
	不加筋	加筋							
基层粘接性	△	△	△	△	○	○	○	—	—
背衬效应	△	△	○	△	△	△	△	—	—
耐低温性	○	○	△	×	○	△	×	○	○
耐热性	○	○	△	×	○	△	×	○	○
耐穿刺性	△	×	△	×	×	×	△	○	○
耐老化性	○	○	△	×	○	△	×	○	○
施工性	○	○	○	冷△ 热×	×	×	×	△	△
施工气候影响程度	△	△	△	×	×	×	×	○	○
基层含水率要求	△	△	△	△	×	×	×	○	○
质量保证率	○	○	○	△	△	×	×	△	△
复杂基层适应性	△	△	△	×	○	○	○	×	△
环境及人身污染	○	○	△	×	△	×	×	○	○
荷载增加程度	○	○	○	△	○	○	△	×	×
价格	高	高	中	低	高	高	中	低	低
储运	○	○	○	△	×	△	×	○	○

注：○—好；△—一般；×—差。

2. 防水材料的适用范围

防水材料适用范围见表2-2。

防水材料适用范围参考表　　表2-2

材料适用情况	材料类别						
	合成高分子卷材	高聚物改性沥青卷材	沥青基卷材	合成高分子涂料	高聚物改性沥青涂材	细石混凝土防水	水泥砂浆防水
特别重要建筑屋面	○	⊙	×	⊙	×	⊙	×
重要及高层建筑屋面	○	○	×	○	×	⊙	×
一般建筑屋面	△	○	△	△	※	○	※
有振动车间屋面	○	△	×	△	×	※	×
恒温恒湿屋面	○	△	×	△	×	△	×
蓄水种植屋面	△	△	×	⊙	⊙	○	△
大跨度结构建筑	○	△	※	※	※	×	×
动水压作用混凝土地下室	○	△	×	△	△	○	△
静水压作用混凝土地下室	△	○	※	○	△	○	△
静水压砖墙体地下室	○	○	×	△	×	△	○
卫生间	※	※	×	○	○	⊙	⊙
水池内防水	※	×	×	×	×	○	○
外墙面防水	×	×	×	○	×	△	○
水池外防水	△	△	△	○	○	⊙	○
大跨度结构建筑	○	△	※	※	※	×	×

注：○表示优先使用；⊙表示复合使用；※ 表示有条件使用；△表示可以采用；× 表示不宜采用或不可采用。

3. 屋面防水材料选用与检验

(1) 屋面防水材料选用要求

1) 屋面工程选用的防水材料应符合下列要求:

① 图纸应标明防水材料的品种、型号、规格,其主要物理性能应符合《屋面工程技术规范》GB 50345—2012 对该材料质量指标的规定。

②考虑施工环境的条件和工艺的可操作性。

2) 在下列情况下所使用的材料应具兼容性:

①防水材料(指卷材、涂料,下同)与基层处理剂。

②防水材料与胶粘剂。

③防水材料与密封材料。

④防水材料与保护层的涂料。

⑤两种防水材料复合使用。

⑥基层处理剂与密封材料。

3) 根据建筑物的性质和屋面使用功能选择防水材料,除应符合上述规定外,尚应符合以下要求:

①外露使用的不上人屋面,应选用与基层粘结力强和耐紫外线热老化保持率、耐酸雨、耐穿刺性能优良的防水材料。

②上人屋面应选用耐穿刺、耐霉烂性能好和拉伸强度高的防水材料。

③蓄水屋面、种植屋面应选用耐腐蚀、耐霉烂、耐穿刺性能优良的防水材料。

④薄壳、装配式结构、钢结构等大跨度建筑屋面应选用自重轻和耐热性、适应变形能力优良的防水材料。

⑤倒置式屋面应选用适应变形能力优良、接缝密封保证率高的防水材料。

⑥斜坡屋面应选用与基层粘结力强、感温性小的防水材料。

⑦屋面接缝密封防水应选用与基层粘结力强、耐低温性能优良,并有一定适应位移能力的密封材料。

4) 屋面应选用吸水率低、密度和导热系数小,并有一定强度的保温材料;封闭式保温层的含水率,可根据当地年平均相对湿度所对应的相对含水率以及该材料的质量吸水率,通过计算确定。

5）屋面工程常用防水、保温隔热材料，应遵照《屋面工程技术规范》附录A选定。

(2) 屋面防水材料进场检验项目

屋面防水材料进场检验项目应符合表2-3的规定。

屋面防水材料进场检验项目 表2-3

序号	防水材料名称	现场抽样数量	外观质量检查	物理性能检验
1	高聚物改性沥青防水卷材	大于1000卷抽5卷、每500～1000卷抽4卷、100～499卷抽3卷、100卷以下抽2卷，进行规格尺寸和外观质量检验；在外观质量检验合格的卷材中，任取一卷做物理性能检验	表面平整，边缘整齐，无孔洞、缺边、裂口、胎基未浸透、矿物粒料粒度，每卷卷材的接头	可溶物含量、拉力、最大拉力时延伸率、耐热度低温柔度、不透水性
2	合成高分子防水卷材		表面平整、边缘整齐、无气泡、裂纹、粘结疤痕每卷卷材的接头	断裂拉伸强度、扯断伸长率、低温弯折性、不透水性
3	高聚物改性沥青防水涂料	每10t为一批，不足10t按一批抽样	水乳塑，无色差、凝胶、结块、明显沥青丝 溶剂型：黑色黏稠状，细腻，均匀胶状液体	固体含量、耐热性、低温柔性、不透水性、断裂伸长率或抗裂性
4	合成高分子防水涂料		反应固化型：均匀黏稠状、无凝胶、结块 挥发固化型：经搅拌后无结块，呈均匀状态	固体含量、拉伸强度、断裂伸长率、低温柔性、不透水性
5	聚合物水泥防水涂料		液体组分：无杂质、无凝胶的均匀乳液 固体组分：无杂质、无结块的粉末	固体含量、拉伸强度、断裂伸长率、低温柔性、不透水性
6	胎体增强材料	每3000m²为一批，不足3000m²的按一批抽样	表面平整，边缘整齐，无折痕、无孔洞、无污迹	拉力、延伸率
7	沥青基防水卷材用基层处理剂	每5t产品为一批，不足5t的按一批抽样	均匀液体，无结块、无凝胶	固体含量、耐热性、低温柔性、剥离强度
8	高分子胶粘剂		均匀液体，无杂质、无分散颗粒或凝胶	剥离强度、浸水168h后的剥离强度保持率
9	改性沥青胶粘剂		均匀液体，无结块、无凝胶	剥离强度

续表

序号	防水材料名称	现场抽样数量	外观质量检查	物理性能检验
10	合成橡胶胶粘带	每1000mm为一批，不足1000mm的按一批抽样	表面平整，无固块、杂物、孔洞、外伤及色差	剥离强度、浸水168h后的剥离强度保持率
11	改性石油沥青密封材料	每1t产品为一批，不足1t的按一批抽样	黑色均匀膏状，无结块和未浸透的填料	耐热性、低温柔性、拉伸粘结性、施工度
12	合成高分子密封材料	—	均匀膏状物或黏稠液体，无结皮、凝胶或不易分散的固体团状	拉伸模量、断裂伸长率、定伸粘结性
13	烧结瓦、混凝土瓦	同一批至少抽一次	边缘整齐，表面光滑，不得有分层、裂纹、露砂	抗渗性、抗冻性、吸水率
14	玻纤胎沥青瓦		边缘整齐，切槽清晰，厚薄均匀，表面无孔洞、硌伤、裂纹、皱折及起泡	可溶物含量、拉力、耐热度、柔度，不透水性、叠层剥离强度
15	彩色涂层钢板及钢带	同批号、同规格、同镀层重量、同涂层厚度、同涂料种类和颜色为一批	钢板表面不应有气泡、缩孔、漏涂等缺陷	屈服强度、抗拉强度、断后伸长率、镀层重量、涂层厚度

4. 地下防水材料选用与检验

(1) 满足基层适应性

所有防水层基层都存在可渗水的毛细孔、洞、裂缝，同时在使用过程中还有新裂缝产生并逐渐变大。因此，选择的防水层首先要解决对基面的封闭，封闭毛细孔、洞和裂缝。这就要求防水层能堵塞毛细孔、洞和细裂缝，与基面粘结要牢固，杜绝水在防水层底面窜流，同时还应适应基层新裂缝产生和动态变化。另外，由于基面的不平整、多变化的形状，防水材料要与之相适应。

(2) 满足温度适应性

防水层的工作环境温度与建筑物地区有关，但屋面工程中倒置式的防水层温度处于正温度，地下工程在冻土层以下则是负温度，冻土层以上如有保温层，也应处于正温度，室内工程与地区关系不大，而外墙防水层则完全处于地区大气温度作用下。

一般防水层温度高于30℃时会加速柔性防水材料老化，增加收缩，低温时超过防水材料的柔性指标则导致柔性防水材料变脆，失去延伸变形的性能，此时结构收缩变形加大，极易将防水层拉断。因此，防水层所处工作环境最低温度对选择防水材料低温柔性相适应起到决定作用，防水材料在低温时还应具有一定的变形能力、一定的延伸率和韧性，否则防水层就会受到破坏。

（3）满足耐久性

防水材料耐久性是检验防水层质量最主要的决定因素，没有耐久性就没有使用价值，在很短时间内就会失效，一旦修理或返修重做，就应该是非常严重的质量事故。因此，在满足耐用年限内防水层的材料经组合要能抵御自然因素的老化和损害，满足人们正常使用功能的要求，否则防水层的质量是不能保证的。

（4）满足施工性

防水材料的施工性包括施工工艺的可靠性和对施工环境的适应性。选用的材料应便于施工，工艺简便可行，机具先进可靠，对施工环境条件适应性宽，对施工条件要求不严格，便于论证施工质量。

（5）满足互补相容性

每种防水材料都会有它的优点，也同时存在它的缺点，这是事物的普遍规律，所以要满足各个方面的功能要求，就应当选择性能互补的材料，各自发挥自己的优点，弥补另一个材料的弱点，以保证防水层的功能。采用互补选材的方法比选择单一材料要合理，所以选用的防水材料，在性能上应是互补的，如刚柔结合、涂卷结合、弹塑性结合等。相邻的防水材料应是相容的，在结合上相容，具有良好的结合性能，互不妨碍；在材性上相容，不可互相侵害。

(6) 满足环保性

环保性日益受到重视，对环境有污染，对人身（包括对施工人员）有害的防水材料不能选用，尤其是无保护措施情况下更不可选用。

(7) 就地取材和经济性

选用的材料应就地取材，就地取材本身就体现经济性，经济性要讲性价比，要讲实用，应从当前经济条件出发，选用适应该建筑经济条件的材料，讲求综合经济效益，不能只考虑初始价格因素。

第二节 防水卷材

防水卷材（图 2-1）包括沥青防水卷材、高聚物改性沥青防水卷材、合成高分子防水卷材等。这类卷材保持了沥青、橡胶等材料的优良憎水性和粘结性，而且施工方便，广泛地用于建筑屋面、地下室以及桥梁、公路、涵洞、游泳池等建筑工程中。

图 2-1 防水卷材

1. 沥青防水卷材

(1) 沥青

沥青具有良好的耐水性能，因此被广泛地应用于地上、地下防水防潮工程中。沥青是生产沥青基防水材料、高聚物改性沥青防水材料的重要原料，同时沥青还具有耐化学腐蚀性能，是良好的防腐材料。

沥青是具有多种高分子碳氢化合物的复杂化合物，具有较强的粘结特性及较好的塑性。常温下呈固体、半固体或黏性液体状态，颜色为黑色或黑褐色，能溶于汽油、煤油、苯等有机溶剂中。

沥青材料按其来源可分为地沥青和焦油沥青两种。见表 2-4。

沥青的分类　　表 2-4

序号	类别	说明
1	地沥青	地沥青可分为天然沥青和石油沥青。天然沥青是自然界存在的，是从含有沥青的沥青湖或沥青岩中提取的；石油沥青是石油原油蒸馏提炼后的残留物，经过加工处理而成的。石油沥青按用途不同，有道路石油沥青、普通石油沥青和建筑石油沥青
2	焦油沥青	焦油沥青俗称柏油，分为煤沥青、木沥青和页岩沥青、泥炭沥青，是由煤、木材、泥炭、油母页岩等有机物，在空气隔绝条件下，受热挥发出的物质冷凝后，经分馏而得的副产品

（2）沥青胶粘材料

沥青胶粘材料是指熬制的纯沥青液和沥青胶（沥青玛蹄脂）的统称。沥青胶粘材料与沥青不同，沥青是一种原料，而沥青胶粘材料是用不同标号的沥青经调配熬制而成的。沥青胶粘材料用于防水层与基层和卷材之间的粘结及在卷材面层粘结绿豆石保护层。加入填充料后的沥青胶粘材料称为沥青玛蹄脂。

沥青胶粘材料根据原料的不同，可分为石油沥青胶粘材料和焦油沥青胶粘材料。石油沥青胶粘材料是用 10 号、30 号、60 号石油沥青调配的；焦油沥青胶粘材料是用中温焦油与焦油的熔合物调配而成的。

（3）沥青防水卷材

1）铝箔面石油沥青防水卷材：

卷材产品分为 30、40 两个标号，30 号铝箔面油毡适用于多层防水工程的面层；40 号铝箔面油毡适用于单层或多层防水工程的面层。卷材幅宽为 1000mm。

2）石油沥青玻璃纤维胎防水卷材：

石油沥青玻璃纤维胎防水卷材是采用玻璃纤维薄毡为胎基，浸涂石油沥青，在其表面涂撒矿物粉料或覆盖聚乙烯膜等隔离材料而制成可卷曲的片状防水材料。

玻璃纤维毡胎沥青防水卷材按单位面积质量分为15、25号；按上表面材料分为PE膜、砂面；按力学性能分为Ⅰ、Ⅱ型。卷材公称宽度为1m，卷材公称面积为10m²、20m²。

2. 改性沥青防水卷材

（1）APP改性沥青防水卷材

塑性体改性沥青防水卷材是指以聚酯毡或玻纤毡为胎基、无规聚丙烯（APP）或聚烯烃类聚合物（APAO、APO）做改性剂，两面覆以隔离材料所制成的建筑防水卷材（统称APP卷材）。

塑性体改性沥青防水卷材适用于工业与民用建筑的屋面和地下防水工程。玻纤增强聚酯毡卷材可用于机械固定单层防水，但需通过抗风荷载试验。玻纤毡卷材适用于多层防水中的底层防水。外露使用应采用上表面隔离材料为不透明的矿物粒料的防水卷材。地下工程防水应采用表面隔离材料为细砂的防水卷材。

（2）SBS改性沥青防水卷材

聚酯毡或玻纤毡为胎基、苯乙烯－丁二烯－苯乙烯（SBS）热塑性弹性体作改性剂，两面覆以隔离材料所制成的建筑防水卷材（简称“SBS卷材”）。

弹性体改性沥青防水卷材主要适用于工业与民用建筑的屋面和地下防水工程。玻纤增强聚酯毡卷材可用于机械固定单层防水，但需通过抗风荷载试验。玻纤毡卷材适用于多层防水中的底层防水。外露使用采用上表面隔离材料为不透明的矿物粒料的防水卷材。地下工程防水应采用表面隔离材料为细砂的防水卷材。

3. 合成高分子防水卷材

（1）氯化聚乙烯防水卷材

氯化聚乙烯防水卷材是以氯化聚乙烯树脂为主要原料，加入多种化学助剂，经混炼、挤出成型和硫化等工序加工制成的防水卷材。

（2）聚氯乙烯防水卷材

聚氯乙烯防水卷材系指以聚氯乙烯为主要原料制成的防水卷材，包括无复合层、用纤维单面复合及织物内增强的聚氯乙烯防水卷材（简称PVC卷材）。

4. 材料检验与储存

（1）材料检验要求

1）进场的卷材抽样复验应符合下列规定：

①同一品种、型号和规格的卷材，抽样数量：大于1000卷抽取5卷；500～1000卷抽取4卷；100～499卷抽取3卷；小于100卷抽取2卷。

②受检的卷材进行规格尺寸和外观质量检验，全部指标达到标准规定时，即为合格。其中，若有一项指标达不到要求，允许在受检产品中另取相同数量卷材进行复检，全部达到标准规定为合格。复检时仍有一项指标不合格，则判定该产品外观质量为不合格。

③外观质量检验合格的卷材中，任取一卷做物理性能检验，若物理性能有一项指标不符合标准规定，应在受检产品中加倍取样进行该项复检。复检结果如仍不合格，则判定该产品为不合格。

2）进场的卷材物理性能应检验下列项目：

①沥青防水卷材：纵向拉力，耐热度，柔度，不透水性。

②高聚物改性沥青防水卷材：可溶物含量，拉力，最大拉力时延伸率，耐热度，低温柔性，不透水性。

③合成高分子防水卷材：断裂拉伸强度，扯断伸长率，低温弯折，不透水性。

3）进场的卷材胶粘剂和胶粘带物理性能应检验下列项目：

①改性沥青胶粘剂：剥离强度。

②合成高分子胶粘剂：剥离强度和浸水168h后的保持率。

③双面胶黏带：剥离强度和浸水168h后的保持率。

（2）防水卷材包装、运输和保管

防水卷材产品的包装一般应以全柱包装为宜，包装上应有以下标志：生产厂名；商标；产品名称、标号、品种、制造日期及生产班次；标准编号；质量等级标志；保管与运输注意事项；生产许可证号。

防水卷材的储运和保管应符合的要求如下：

1）由于卷材品种繁多，性能差异很大，但其外观可以完全一样，难以辨认。因此要求卷材必须按不同品种标号、规格、等级分别堆放，不得混杂在一起，以避免在使用时误用而造成质量事故。

2）卷材有一定的吸水性，但施工时要求表面干燥，否则施工后可能出现起鼓和粘结不良等现象，故应避免雨淋和受潮。各类卷材均怕火，故不能接近火源，以免变质和引起火灾，尤其是沥青防水卷材不得在高于45℃的环境中储存，否则易发生粘卷现象，影响质量。另外，由于卷材中空，横向受挤压，可能压扁，开卷后不易展平铺贴于屋面，从而造成粘贴不实，影响工程质量。鉴于上述原因，卷材应储存在阴凉通风的室内，避免雨淋、日晒和受潮，严禁接近火源，沥青防水卷材的储存环境温度不得高于45℃，卷材宜直立堆放，其高度不宜超过两层，并不得倾斜或横压，短途运输平放不宜超过四层。长途敞运，应加盖苫布。

3）高聚物改性沥青防水卷材、合成高分子防水卷材均为高分子化学材料，都较容易受某些化学介质及溶剂的溶解和腐蚀，故这些卷材在储运和保管中应避免与化学介质及有机溶剂等有害物质接触。

第三节 防水涂料

防水涂料（图 2-2）是一种流态或半流态物质，涂刷在基层表面，经溶剂或水分挥发和组分间的化学反应，形成一定弹性薄膜，使表面与水隔绝，起到防水、防潮作用。

建筑防水涂料种类较多，主要有 SBS 改性沥青防水涂料、聚氨酯防水涂料、JS 复合防水涂料、硅橡胶防水涂料、丙烯酸酯防水涂料等等。

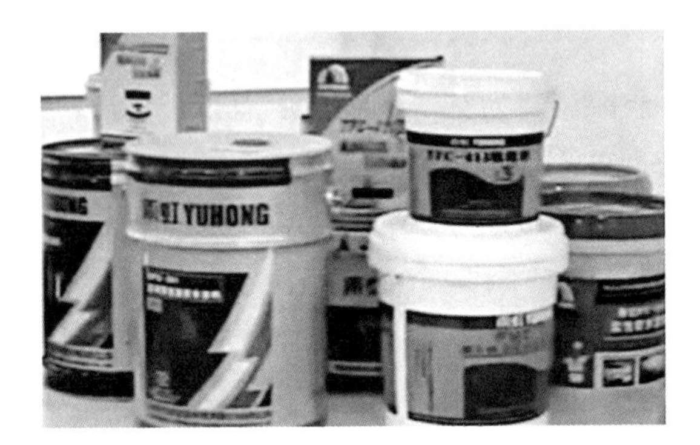

图 2-2 防水涂料

1. 沥青防水涂料

(1) 水乳型沥青防水涂料

水乳型沥青防水涂料系指主要用于钢筋混凝土建筑防水或者砖混建筑防水的以水为介质、采用化学乳化剂和（或）矿物乳化剂制得的沥青基防水涂料。

水乳型沥青防水涂料产品按性能分为 H 型和 L 型。水乳型沥青防水涂料样品搅拌后均匀、无色差、无凝胶、无结块、无明显沥青丝。

（2）溶剂型橡胶沥青防水涂料

1）溶剂型橡胶沥青防水涂料是以橡胶改性沥青为基料，经溶剂溶解配制而成的。

2）溶剂型橡胶沥青防水涂料按产品的抗裂性、低温柔性分为一等品（B）和合格品（C）。涂料外观为黑色、黏稠状、细腻、均匀胶状液体。

2. 聚合物防水涂料

（1）聚氨酯防水涂料

1）聚氨酯防水涂料按组分分为单组分（S）、多组分（M）两种。产品按拉伸性能分为Ⅰ、Ⅱ两类。

2）聚氨酯防水涂料为均匀黏稠体，无凝胶、结块。

（2）聚合物水泥防水涂料

聚合物水泥防水涂料是以丙烯酸酯、乙烯－乙酸乙烯酯等聚合物乳液和水泥为主要原料，加入填料及其他助剂配制而成，经水分挥发和水泥水化反应固化成膜的双组分水性防水涂料。

1）聚合物水泥防水涂料按物理力学性能分为Ⅰ型、Ⅱ型和Ⅲ型。Ⅰ型适用于活动较大的基层，Ⅱ型和Ⅲ型适用于活动量较小的基层。

2）聚合物水泥防水涂料不应对人体与环境造成有害的影响，所涉及与使用有关的安全和环保要求均应符合相关国家标准和规范的规定。

3）聚合物水泥防水涂料的两组分经分别搅拌后，其液体组分应为无杂质、无凝胶的均匀乳液；固体组分应为无杂质、无结块的粉末。

（3）聚氯乙烯弹性防水涂料

聚氯乙烯弹性防水涂料系指以聚氯乙烯为基料，加入改性材料和其他助剂配制而成的热塑型和热熔型聚氯乙烯弹性防水涂料。

（4）聚合物乳液建筑防水涂料

聚合物乳液建筑防水涂料是以聚合物乳液为主要原料，加入其他添加剂而制得的单组分水乳型防水涂料。其可在屋面、墙面、室内等非长期浸水环境下的建筑防水工程中使用。若用于地下及其他建筑防水工程，其技术性能还应符合相关技术规程的规定。

3. 材料的选用、检验与储存

（1）材料检验要求

进场的防水涂料和胎体增强材料抽样复检要求如下：

1）防水涂料和胎体增强材料进场后应进行见证取样检测，即在监理单位或建设单位监督下，由施工单位有关人员现场取样，并送至具备相应资格的检测单位进行检测，同一规格、品种的进场材料抽样复检应符合表 2-5 的要求。

材料现场抽样复验要求 **表 2-5**

材料名称	现场抽样	外观质量检验
防水涂料	每 10t 为一批，不足 10t 按一批抽样	包装完好无损，且标明涂料名称、生产日期、生产厂名、产品有效期、执行标准
胎体增强材料	每 $3000m^2$ 为一批，不足 $3000m^2$ 按一批抽样	均匀，无团状，平整，无折皱

2）防水涂料和胎体增强材料的物理性能检验要求全部指标达到标准规定时方为合格。其中，若有一项指标达不到要求，允许在受检产品中加倍取样进行该项复检，复检结果如仍不合格，则判定该产品为不合格。

3）进场的防水涂料和胎体增强材料物理性能应检验下列项目。

①高聚物改性沥青防水涂料：固体含量，耐热性，低温柔性，不透水性，延长率或抗裂性。

②合成高分子防水涂料和聚合物水泥涂料：拉伸强度，断裂伸长率，低温柔性，不透水性，固体含量。

③胎体增强材料：拉力和延伸率。

（2）防水涂料的储存

防水涂料和胎体增强材料的贮运保管应符合下列规定：

1）防水涂料包装容器必须密封，容器表面应标明涂料名称、生产厂名、执行标准号、生产日期和产品有效期。不同品种、规格和等级的产品应分别存放。反应型和水乳型涂料储存和保管环境不应低于5℃。溶剂型涂料储存和保管环境温度不宜低于0℃，并不得日晒、碰撞和渗漏。保管环境应干燥、通风，并远离火源。仓库内应有消防设施。

2）胎体材料贮运、保管环境应干燥、通风，并远离火源。

第四节 防水密封材料

防水密封材料（图2-3）用于填充在建筑的接缝、裂缝、门窗框、玻璃周边及管道接头或其他结构物的连接处，起到水密、气密作用。

（a）橡胶止水带

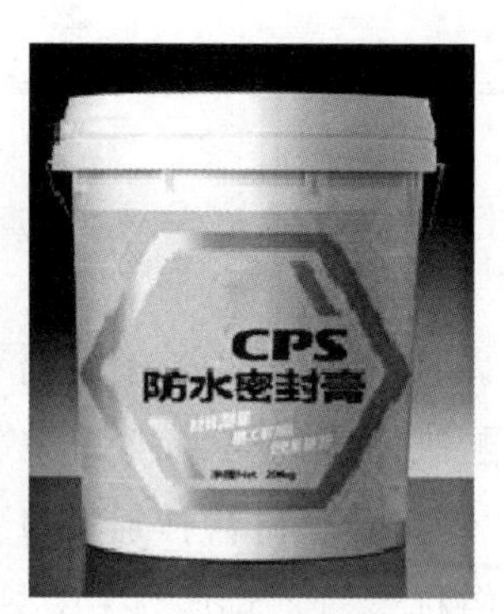

（b）防水密封膏

图2-3 防水密封材料

1. 密封防水材料的分类

（1）按材料外观形状分类

建筑防水密封材料，按材料外观形状分为定型密封材料与不定型密封材料。定型密封材料包括：密封条、密封带、密封垫、止水带等；不定型密封材料，即通常所称的密封膏、密封剂等，不定型密封材料又可分为多组分、双组分和单组分型。其中，多组分、双组分的密封材料是在施工现场将其搅拌均匀，利用其混合后的化学反应达到硬化的目的；单组分型密封材料则是在使用中密封材料与空气中的水分发生化学反应或干燥作用达到硬化的目的。

（2）按材质分类

建筑防水密封材料，按材质可分为沥青类密封材料、改性沥青类密封材料和高分子密封材料三大类；按性能可分为高模量、中模量及低模量三类；按产品用途可分为混凝土接缝密封材料（有屋面、墙面、地下之分）；卷材搭接密封材料；建筑结构密封和非结构密封及道路、桥梁等密封材料。

2. 建筑常用密封材料

（1）聚氯乙烯建筑防水接缝材料

聚氯乙烯建筑防水接缝材料是指以聚氯乙烯为基料，加入改性材料及其他助剂配制而成的聚氯乙烯建筑防水接缝材料。

1）PVC 接缝材料按施工工艺分为 J 型和 G 型。J 型是指用热塑法施工的产品，俗称聚氯乙烯胶泥；G 型是指用热熔法施工的产品，俗称塑料油膏。

2）PVC 接缝材料分为两个型号，耐热性 80℃和低温柔性 -10℃为 801，耐热性 80℃和低温柔性 -20℃为 802。

3）J型PVC接缝材料为均匀黏稠状物，无结块、无杂质。G型PVC接缝材料为黑色块状物，无焦渣等杂物，无流淌现象。

（2）建筑防水沥青嵌缝油膏

油膏按耐热性和低温柔性分为702和801两个标号，应为黑色均匀膏状，无结块和未浸透的填料。

（3）建筑用硅酮结构密封胶

1）建筑用硅酮结构密封胶按组成分单组分型和双组分型，分别用数字1和2表示。

2）建筑用硅酮结构密封胶应为细腻、均匀膏状物，无气泡、结块、凝胶、结皮，无不易发散的析出物。双组分产品两组分的颜色应有明显区别。

（4）聚氨酯建筑密封胶

1）聚氨酯建筑密封胶产品按包装形式分为单组分（Ⅰ）和多组分（Ⅱ）两个品种；按流动性分为非下垂型（N）和自流平型（L）两个类型。

2）聚氨酯建筑密封胶应为细腻、均匀膏状物或黏液，不应有气泡，颜色与供需双方商定的样品相比，不得有明显差异。多组分产品各组分的颜色间应有明显差异。

第五节　刚性防水材料

刚性防水材料是指以水泥、砂石为原材料，或其内掺入少量外加剂、高分子聚合物等材料，通过调整配合比，抑制或减少孔隙率，改变孔隙特征，增加各原材料界面间的密实性等方法，配制成具有一定抗渗透能力的水泥砂浆混凝土类防水材料。

1. 特征

刚性防水是相对防水卷材、防水涂料等柔性防水材料而言的防水形式，主要包括防水砂浆和防水混凝土，刚性防水材料则是指按一定比例掺入水泥砂浆或混凝土中配制防水砂浆或防水混凝土的材料。

2. 分类

刚性防水材料按其胶凝材料的不同可分为两大类：一类是以硅酸盐水泥为基料，加入无机或有机外加剂配制而成的防水砂浆、防水混凝土，如外加剂防水混凝土，聚合物砂浆等；另一类是以膨胀水泥为主的特种水泥为基料配制的防水砂浆、防水混凝土，如膨胀水泥防水混凝土等。

第六节 堵漏防水材料

堵漏防水材料（图 2-4）是能在短时间内速凝的材料，起到堵住水渗出的效果，其产品包括聚氨酯灌浆料、环氧树脂灌浆料、渗透结晶堵漏剂等。分类和常见品种见表 2-6。

图 2-4　堵漏防水材料

堵漏材料的分类和常见品种 表 2-6

名称	分类	常见品种
堵漏防水材料	堵漏剂	水玻璃 防水宝、堵漏灵、堵漏能、确保时、水不漏
	灌浆材料	聚氨酯灌浆材料 丙凝灌浆材料 环氧树脂灌浆材料 水泥类灌浆材料

1. 堵漏剂

除传统使用的以水玻璃为基料配以适量的水和多种矾类制成的快速堵漏剂外，目前常用的是各种粉类堵漏材料。无机高效防水粉是一种水硬性无机胶凝材料与水调合后具防水防渗性能，品种有堵漏灵、堵漏能、确保时、防水宝等。水不漏类堵漏材料是一种高效防潮、抗渗、堵漏材料，有速凝型和缓凝型两种类别，速凝型用于堵漏，缓凝型则用于防水渗。

2. 灌浆材料

灌浆材料有水泥类灌浆材料和化学灌浆材料两大类。化学灌浆材料堵漏抗渗效果好。

（1）聚氨酯灌浆材料

聚氨酯灌浆材料属于聚氨基甲酸酯类的高分子聚合物，是由多异氰酸酯和多羟基化合物反应而成，分为水溶性和非水溶性两大类。

水溶性聚氨酯灌浆材料是由环氧乙烷或环氧乙烷和环氧丙烷开环共聚的聚醚与异氰酸酯合成制得的一种不溶于水的单组分注浆材料。水溶性聚氨酯灌浆材料与水混合后黏度小，可灌性好，形成的凝胶为含水的弹性固体，有良好的适应变形能力，且有一定的粘结强度。该材料适用于各种地下工程内外墙面、地面水池、人防工程隧道等变形缝的防水堵漏。

非水溶性聚氨酯灌浆材料又称氰凝，是以多异氰酸酯和聚醚产生反应生成的预聚体，加以适量的添加剂制成的化学浆液。遇水后立即发生反应，同时放出大量 CO_2 气体，边凝固边膨胀，渗透到细微的孔隙中，最终形成不溶水的凝胶体，达到堵漏的目的。非水溶性聚氨酯灌浆材料适用于地下混凝土工程的三缝堵漏（变形缝、施工缝、结构裂缝）、建筑物的地基加固，特别适合开度较大的结构裂缝。

（2）丙烯酰胺灌浆材料

丙烯酰胺灌浆材料俗称丙凝，由双组分组成，系以丙烯酰胺为主剂，辅以交联剂、促进剂、引发剂配置而成的一种快速堵漏止水材料。该材料具有黏度低、可灌性好、凝胶时间可以控制等优点。丙凝固化强度较低，湿胀干缩，因此不宜用于常发性湿度变化的部位作永久性止水措施，也不宜用于裂缝较宽水压较大的部位堵漏。丙凝适用于处理水工建筑的裂缝堵漏，大块基础帷幕和矿井的防渗堵漏等。

（3）环氧树脂灌浆材料

环氧树脂灌浆材料由主剂（环氧树脂）、固化剂、稀释剂、促进剂组成，具有粘结功能好、强度高、收缩率小的特点，适宜用于修补堵漏与结构加固。目前，比较广泛使用的是糠醛丙酮系环氧树脂灌浆材料。

第三章 防水施工机具

第一节 一般施工机具

防水工程施工常用施工机具见表 3-1。

常用施工机具 表 3-1

序号	工具名称	图示	用途
1	小平铲（腻子刀、油灰刀）		有软硬两种，软性适合于调制弹性密封膏，硬性适合于清理基层
2	扫帚		用于清理基层、油毡面等
3	拖布（拖把）		用于清理灰尘基层

续表

序号	工具名称	图示	用途
4	钢丝刷	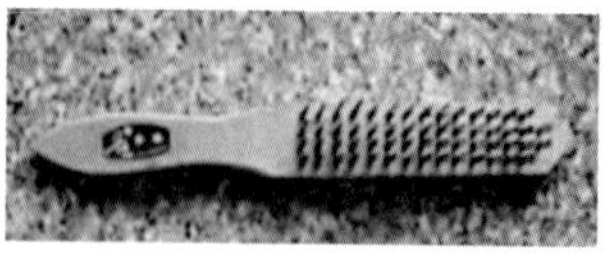	用于清理基层灰浆
5	皮老虎（皮风箱）		用于清理接缝内的灰尘
6	铁桶、塑料桶	 	用于承装溶剂及涂料
7	嵌填工具	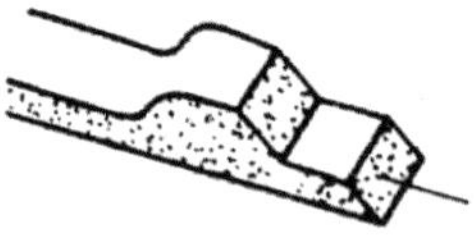	用于嵌填衬垫材料
8	压辊	  （a）手辊 （b）扁压辊 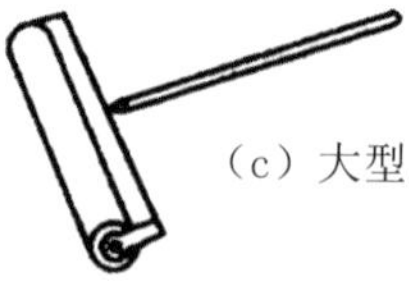 （c）大型压辊	用于卷材施工压扁
9	油漆刷	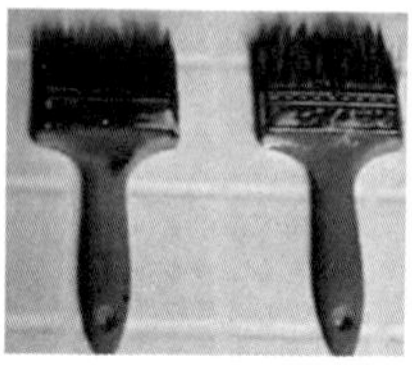	用于涂刷涂料

续表

序号	工具名称	图示	用途
10	滚动刷		用于涂刷涂料、胶粘剂等
11	磅秤		用于各种材料计量
12	胶皮刮板	100；30；200；木板δ=5；胶皮δ=3	用于刮混合料
13	铁皮刮板	100；30；200；木板δ=5；镀锌铁皮 δ=0.5或0.8	用于复杂部位刮混合料
14	皮卷尺		用于度量尺寸
15	钢卷尺		用于度量尺寸

续表

序号	工具名称	图示	用途
16	长把刷		用于涂刷涂料
17	溜子	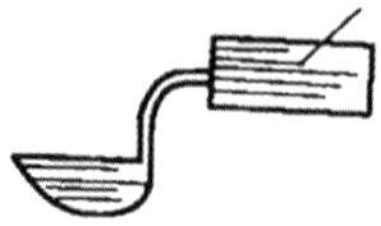 木把	用于密封材料表面修整
18	空气压缩机	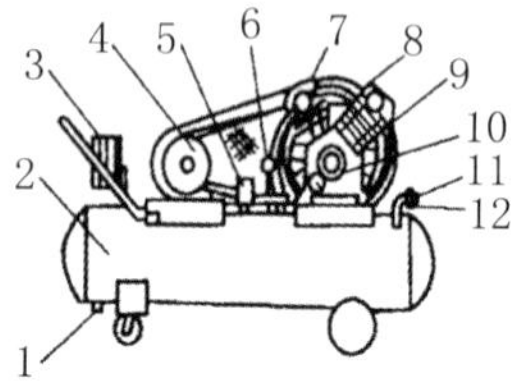 1 2 3 4 5 6 7 8 9 10 11 12 1—旋塞；2—储气罐；3—磁力启动器；4—电动机；5—压力传感接触器；6—压力表；7—消声过滤器；8—油塞；9—主机；10—示油器；11—安全阀；12—截止阀	用于清除基层灰尘及进行热熔卷材施工
19	电动搅拌器	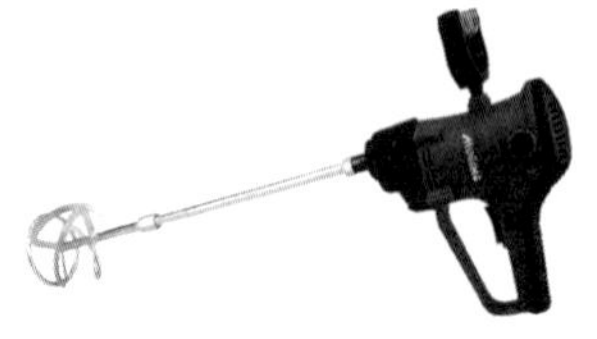	用于搅拌糊状材料
20	手动挤压枪	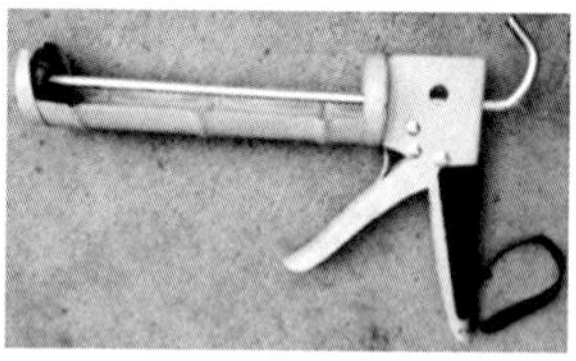	用于嵌填筒装密封材料
21	气动挤压枪	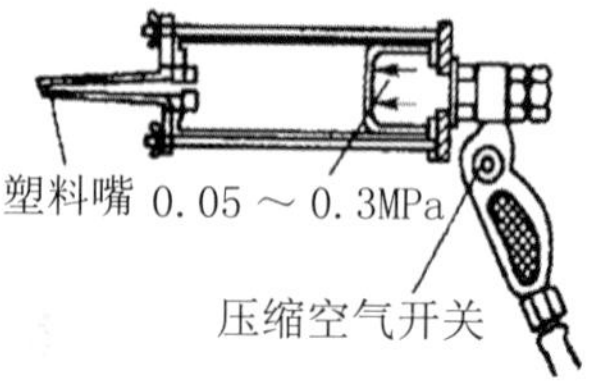 塑料嘴 0.05～0.3MPa 压缩空气开关	用于嵌填衬垫材料

注：空气压缩机的外形尺寸规格为长 × 宽 × 高，单位为 mm。

第二节　防水卷材施工常用机具

防水卷材施工时，应根据防水卷材的品种和施工工艺的不同而选用不同的施工机具及防护用具。

1. 沥青防水卷材施工常用机具

沥青防水卷材施工常用机具见表 3-2。

沥青防水卷材施工工具　　表 3-2

序号	工具名称	图示	用途
1	沥青锅	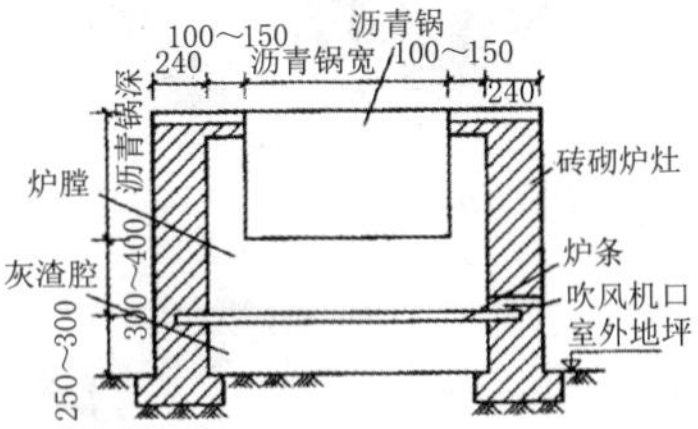 100～150　240　沥青锅宽　沥青锅　100～150　240　沥青锅深　炉膛　砖砌炉灶　300～400　灰渣腔　炉条　吹风机口　室外地坪　300　250～300	熬制沥青
2	沥青壶	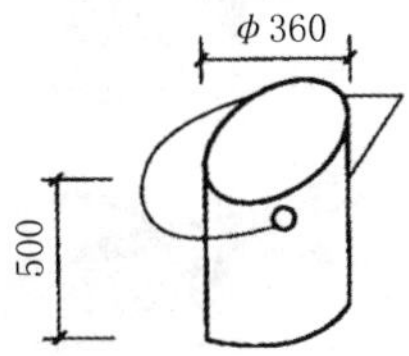 φ360　500	浇铺沥青玛蹄脂
3	鼓风机		熬制沥青时向炉膛送风

续表

序号	工具名称	图示	用途
4	加热保温车	1—保温盖；2—储油桶；3—保温车厢；4—车轮；5—掏灰口；6—烟囱；7—车柄；8—储油筒出气口；9—油嘴；10—吊环；11—加热室	运送熬制好的沥青玛蹄脂
5	铁桶	—	配制冷底子油用
6	扫帚	—	清扫找平层
7	小平铲	—	清除找平层砂浆疙瘩
8	砂纸、钢丝刷		清理细部构造
9	硬棕刷	—	清扫卷材隔离粉尘
10	铁锹		清理基层
11	剪刀		裁剪卷材
12	粉线盒		弹线用

续表

序号	工具名称	图示	用途
13	盒尺	—	量裁卷材
14	卷尺	—	放线用
15	棕刷	—	压摊卷材及沥青玛蹄脂
16	刮板	—	摊刮沥青玛蹄脂及保护层
17	长把刷	—	刷冷底子油
18	油勺	—	留取已熬制的沥青玛蹄脂
19	钢板	—	烘干填充料及预热绿豆砂
20	铁压辊	—	滚压绿豆砂保护层

2. 高聚物改性沥青防水卷材施工常用机具

高聚物改性沥青防水卷材施工常用机具见表 3-3。

高聚物改性沥青防水卷材施工常用机具　　表 3-3

序号	工具名称	图示	用途
1	高压吹风机、小平铲、扫帚、钢丝刷	—	清理基层
2	铁桶、木棒	—	搅拌、盛装底涂料
3	长把滚刷、油漆刷	—	涂刷底涂料
4	裁剪刀、壁纸刀	—	剪裁卷材
5	盒尺、卷尺	—	丈量工具
6	火焰喷枪	1 2 3 4 5 6 7 1—燃烧筒；2—油气管；3—气开关；4—油开关；5—手柄；6—气接嘴；7—油接嘴	烘烤热熔卷材

续表

序号	工具名称	图示	用途
7	多头火焰喷枪	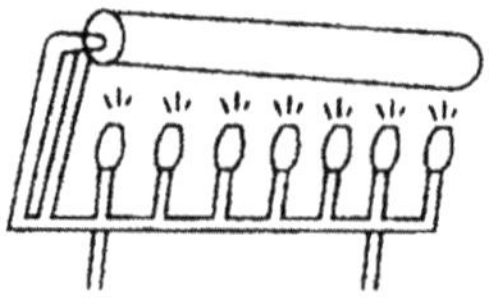	烘烤热熔卷材
8	汽油喷灯		烘烤热熔卷材
9	煤油喷灯		
10	铁抹子		压实卷材搭接边及修补基层和处理卷材收头等
11	干粉灭火器		消防备用
12	手推车		搬运工具

3. 合成高分子防水卷材施工常用机具

合成高分子防水卷材施工常用机具见表 3-4。

合成高分子防水卷材冷粘法施工常用机具　　表 3-4

序号	工具名称	规格	用途
1	小平铲	50 ～ 100mm	清扫基层，局部嵌填密封材料
2	扫帚	常用	
3	钢丝刷	常用	
4	吹风机	300W	清理基层
5	铁抹子	—	修补基层及末端收头抹平
6	电动搅拌器	300W	搅拌胶粘剂
7	铁桶、油漆桶	20L、3L	盛装胶粘剂
8	皮卷尺、钢卷尺	50m、2m	测量放线
9	剪刀	—	剪裁划割卷材
10	油漆刷	50 ～ 100mm	涂刷胶粘剂
11	长把滚刷	φ60mm×250mm	涂刷胶粘剂，推挤已铺卷材内部的空气
12	橡胶刮板	5mm 厚 ×7mm	刮涂胶粘剂
13	木刮板	250mm 宽 ×300mm	清除已铺卷材内部空气
14	手压辊	φ40mm×50mm	压实卷材搭接边
		φ40mm×5mm	压实阴角卷材
15	大压辊	φ200mm×300mm	压实大面积卷材
16	铁管或木棍	φ30mm×1500mm	铺层卷材
17	嵌缝枪	—	嵌填密封材料
18	热压焊接机（图 3-1）	4000W	专用机具
19	热风焊接枪	2000W	专用工具
20	称量器	50kg	称量胶粘剂
21	安全绳	—	防护用具

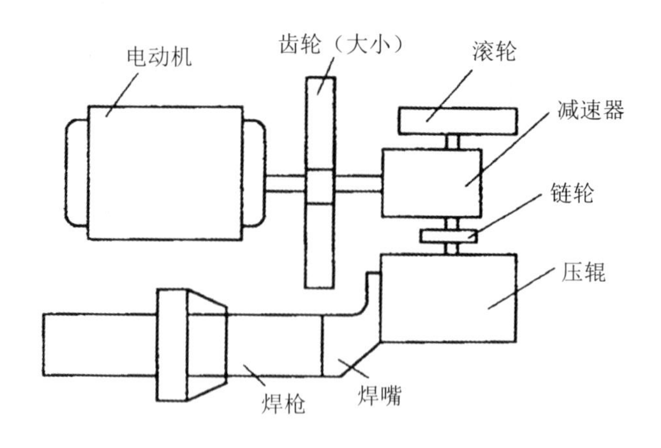

图 3-1 热压焊接机

第三节 涂膜防水施工常用机具

涂膜防水施工常用机具见表 3-5。实际操作时，所需机具、工具的数量和品种可根据工程情况及施工组织情况调整。

涂膜防水施工机具及用途 表 3-5

序号	工具名称	规格	用途
1	棕扫帚	清理基层	不掉毛
2	钢丝刷	清理基层、管道等	—
3	磅秤、台秤等	配料、计量	—
4	电动搅拌器	涂料搅拌	功率大转速较低
5	铁桶或塑料桶	盛装混合料	圆桶便于搅拌
6	开罐刀	开启涂料罐	—
7	棕毛刷、圆辊刷	涂刷基层处理剂	—
8	塑料刮板、胶皮刮板	涂布涂料	—
9	喷涂机	喷涂基层处理剂、涂料	根据涂料黏度选用
10	裁剪刀	裁剪增强材料	—
11	卷尺	量测检查	长 2 ～ 5m

第四节 刚性防水层施工常用机具

刚性防水层施工常用机具见表 3-6。

涂膜防水施工机具及用途 表 3-6

序号	类型	名称
1	拌合机具	混凝土搅拌机、砂浆搅拌机、磅秤、台秤等
2	运输机具	手推车、卷扬机、井架或塔式起重机等
3	混凝土浇捣工具	平锹、木刮板、平板振动器、滚筒、木抹子、铁抹子或抹光机、水准仪（抄水平用）等
4	钢筋加工机具	剪丝机、弯钩工具、钢丝钳等
5	铺防水粉工具	筛子、裁切刀、木压板、刮板、灰桶、抹灰刀等
6	灌缝机具	清缝机或钢丝刷、吹尘器、油漆刷子、扫帚、水桶、锤子、斧子、铁锅、200℃温度计、鸭嘴桶或灌缝车（图 3-2）、油膏挤压枪等
7	其他	分格缝木条、木工锯

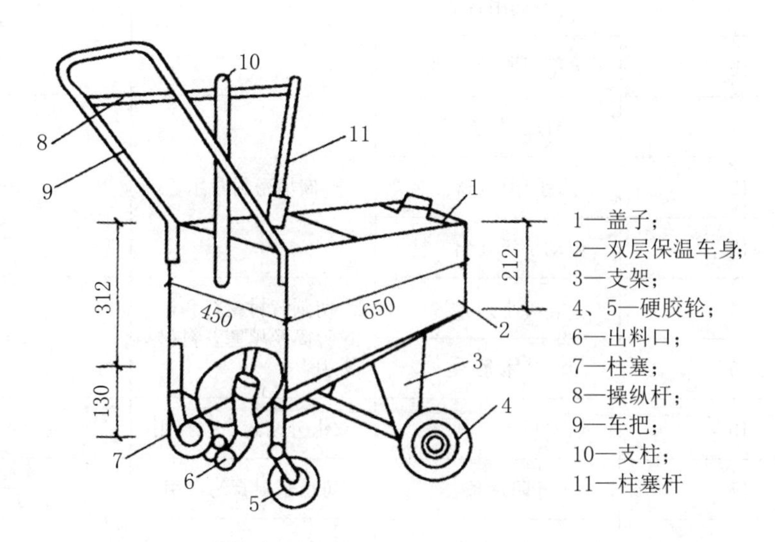

图 3-2 灌缝车

第五节 密封填料防水施工常用机具

基层处理工具、嵌填密封材料工具、搅拌密封材料工具和计量工具见表 3-7。

密封填料防水施工机具 表 3-7

序号	机具名称	用途	备注
1	钢丝刷	清除浮灰、浮浆、砂浆、疙浆、砂浆余料等	—
2	平铲		
3	腻子刀		
4	小锥子		
5	扫帚	清扫垃圾与杂土	吹风机与压缩机配套
6	皮老虎		
7	吹风机		
8	小毛刷		
9	溶剂用容器	基层涂层处理用	—
10	溶剂用刷子、棉纱		
11	嵌缝腻子刀	嵌填密封膏用	—
12	手动挤压枪		
13	电动挤压（出）枪		
14	小刀	切割背衬材料和密封膏筒及填塞背衬材料用	—
15	木条		
16	搅拌工具	双组分密封膏搅拌用	电动、手动均可
17	防污条	防止密封膏污染用	—
18	安全设施	确保人身安全	—

第六节 其他机具的使用和维护

1. 冲击钻

冲击钻依靠旋转和冲击来工作（图 3-3）。单一的冲击是非常轻微的，但 40000 多次 /min 的冲击频率可产生连续的力，可用于天然的石头或混凝土。冲击钻工作时在钻头夹头处有调节旋钮，可调为普通手电钻和冲击钻两种方式。但是，冲击钻是利用内轴上的齿轮相互跳动来实现冲击效果，但是冲击力远远不及电锤，它不适合钻钢筋混凝土。主要构造包括：电源开关，倒顺限位开关，钻夹头，电源调压及离合控制扭，改变电压实现二级变速机构，辅助手把、定位圈、壳体紧定螺钉等，顺逆转向控制机构，机内的齿轮组，机壳绝缘持握手把等。

图 3-3 冲击钻

（1）使用方法

1）操作前必须查看电源是否与电动工具上的常规额定 220V 电压相符，以免错接到 380V 的电源上。

2）使用冲击钻前请仔细检查机体绝缘防护、辅助手柄及深度尺调节等情况，机器有无螺钉松动现象。

3）冲击钻必须按材料要求装入 φ6 ～ 25mm 允许范围之间的合金钢冲击钻头或打孔通用钻头。严禁使用超越范围的钻头。

4）冲击钻导线要保护好，严禁满地乱拖以防止轧坏、割破，更不准把电线拖到油水中，防止油水腐蚀电线。

5）使用冲击钻的电源插座必须配备漏电开关装置，并检查电源线有无破损现象。使用当中发现冲击钻漏电、振动异常、高热或者有异声时，应立即停止工作，找电工及时检查修理。

6）冲击钻更换钻头时，应用专用扳手及钻头锁紧钥匙，杜绝使用非专用工具敲打冲击钻。

7）使用冲击钻时切记不可用力过猛或出现歪斜操作，事前务必装紧合适钻头并调节好冲击钻深度尺，垂直、平衡操作时要徐徐均匀地用力，不可强行使用超大钻头。

8）熟练掌握和操作顺、逆转向控制机构，松紧螺钉及打孔等功能。

（2）注意事项

冲击钻一般情况下是不能用来作电钻使用的，原因如下：

1）冲击钻在使用时方向不易把握，容易出现误操作，开孔偏大。

2）钻头不锋利，使所开的孔不工整，出现毛刺或裂纹。

3）即使上面有转换开关，也尽量不用来钻孔，除非使用专用的钻木钻头，但是由于电钻的转速很快，很容易使开孔处发黑并使钻头发热，从而影响钻头的使用寿命。

（3）维护与保养

1）由专业电工定期更换冲击钻的换碳刷并检查弹簧压力。

2）保障冲击钻机身整体是否完好及清洁，污垢的清除要及时，保证冲击钻转动顺畅。

3）由专业人员定期检查手电钻各部件是否损坏，对损伤严重而不能再用的应及时更换。

4）及时增补因作业中机身上丢失的机体螺钉紧固件。

5）定期检查传动部分的轴承、齿轮及冷却风叶是否灵活、完好，适时对转动部位加注润滑油，以延长手电钻的使用寿命。

6）使用完毕后要及时将手电钻归还工具库妥善保管，杜绝在个人工具柜存放过夜。

2. 切割机

切割机（图 3-4）分为火焰切割机、等离子切割机、激光切割机、水切割等。激光切割机为效率最快，切割精度最高，但切割厚度一般较小。等离子切割机切割速度也很快，切割面有一定的斜度。火焰切割机则针对于厚度较大的碳钢材质。

图 3-4 切割机

(1) 使用

1）切割机安装完毕后，接通电源检查整机各部分转动是否灵活，各紧固件是否松动。

2）接通电源，按下主机按钮，刀片转向是否与箭头方向一致，若反向应立即调整。检查完毕后即可装夹岩样进行切割，岩样装夹时，应选择可靠的夹持点，防止虚夹和假夹现象，以免在切削过程中因岩石窜动而损坏刀具及岩样。

3）夹持不规则岩石时，可用顶压法夹持。

4）切割芯样时，如岩石数量较多，可用随机所附的长压板压上数块岩样，一起切削，以提高工作效率。

5）工作时，先启动主电机，再按工进按钮，开始切削时，由于岩石多呈不规则形状，此时进刀速度要慢，待刀片刃全部进入岩样后，方可稍快一点。

6）切割机自动进退刀，当切刀沿工作台运动到终端时，可自动后退到起端，并自动停止移动。如在工作过程中需要后退，按控制台快退按钮即可。快退中需要前进，按工进按钮同样可以进刀。不论进刀或退刀，按停止按钮切刀均可停止移动。工作时，如发现切刀离岩样较远，可按下快进按钮（按住不放）或点动快进，待刀片接近岩样时，即松开按钮。然后，再按工进按钮，进行正常切割，这样可以缩短进刀辅助时间。

7）在切割试件时，工作前可根据岩石硬度来调节进给速度，在切割过程中调节进给速度可能出现刀痕。根据使用经验切割较硬石头时，速度一般为 40mm/min 左右。

（2）维护与保养

操作完毕应用自来水冲洗工作室及工作台表面的岩渣并擦干；定期清理拖板和导轨以及导轨传动丝杆上的油渍，并及时加注润滑油；工作全部结束后，将刀片向前移动 10cm 左右，使行程开关摇臂复位；切割机整机使用后如在一定的时间内不使用，应将刀片和夹具移动部位及机内一些易生锈的地方涂一层锂。

1）日常维护和保养

①每个工作日必须清理机床及导轨的污垢，使床身保持清洁，下班时关闭气源及电源，同时排空机床管带里的余气。

②如果离开机器时间较长则要关闭电源，以防非专业者操作。

③注意观察机器横、纵向导轨和齿条表面有无润滑油，使其保持润滑良好。

2）每周的维护与保养

①每周要对机器进行全面的清理，横、纵向的导轨、传动齿轮齿条的清洗，加注润滑油。

②检查横纵向的擦轨器是否正常工作，如不正常应及时更换。

③检查所有割炬是否松动，清理点火枪口的垃圾，使点火保持正常。

④如有自动调高装置，检测是否灵敏、是否要更换探头。

⑤检查等离子割嘴与电极是否损坏、是否需要更换割嘴与电极。

3）月与季度的维修保养

①检查总进气口有无垃圾，各个阀门及压力表是否工作正常。

②检查所有气管接头是否松动，所有管带有无破损。必要时紧固或更换。

③检查所有传动部分有无松动，检查齿轮与齿条啮合的情况，必要时作以调整。

④松开加紧装置，用手推动滑车，是否来去自如，如有异常情况及时调整或更换。

⑤检查夹紧块、钢带及导向轮有无松动、钢带松紧状况，必要时调整。

⑥检查所有按钮和选择开关的性能，如有损坏应及时更换，最后画综合检测图形检测机器的精度。

（3）注意事项

1）移动工作台或主轴时，要根据与工件的远近距离，正确选定移动速度，严防移动过快时发生碰撞。

2）编程时要根据实际情况确定正确的加工工艺和加工路线，杜绝因加工位置不足或搭边强度不够而造成的工件报废或提前切断掉落。

3）线切前必须确认程序和补偿量是否正确无误。

4）检查电极丝张力是否足够。在切割锥度时，张力应调小至通常的一半。

5）检查电极丝的送进速度是否恰当。

6）根据被加工件的实际情况选择敞开式加工或密着加工，在避免干涉的前提下尽量缩短喷嘴与工件的距离。密着加工时，喷嘴与工件的距离一般取0.05 ～ 0.1mm。

7）检查喷流选择是否合理，粗加工时用高压喷流，精加工时用低压喷流。

8）起切时应注意观察判断加工稳定性，发现不良时及时调整。

9）加工过程中，要经常对切割工况进行检查监督，发现问题立即处理。

3. 压浆机

压浆机（图 3-5）是孔道灌浆的主要设备。它主要由灰浆搅拌桶，贮浆桶和压浆送灰浆的灰浆，泵以及供水系统组成。

图 3-5　压浆机

压浆机的用途如下：

1）在建筑工程中，用于垂直及水平输送灰浆；

2）在冶金、钢铁行业中，用于维修高炉及其他设备；

3）在国防工程、人防工程及矿山、坑道施工中，用于灌浆；

4）在农田、水利工程中，用于加固大坝；沙地打井用于加固井壁等；

5）在铁路建设中，用于桥梁、涵洞的灌浆加固；

6）在预应力构件工程中，用于灰浆注入扩张等；

7）在公路路面维护中，用于水泥混凝土路面板底脱空压浆。

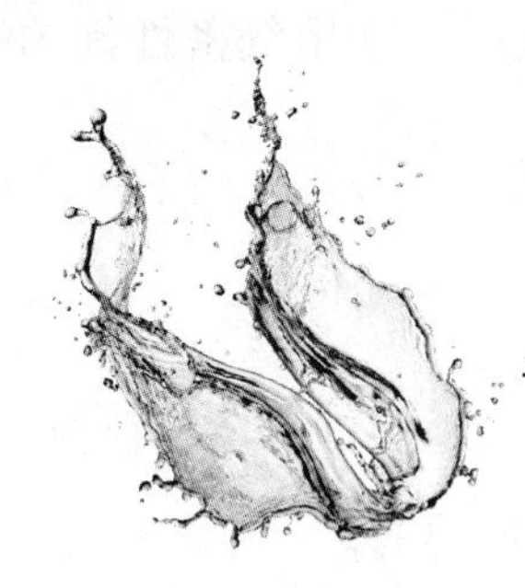

第四章 屋面防水

第一节 卷材屋面防水

1. 屋面防水基本知识

卷材防水屋面一般是由结构层、隔汽层、找坡层、保温层、找平层、防水层、保护层等组成，如图 4-1 所示。

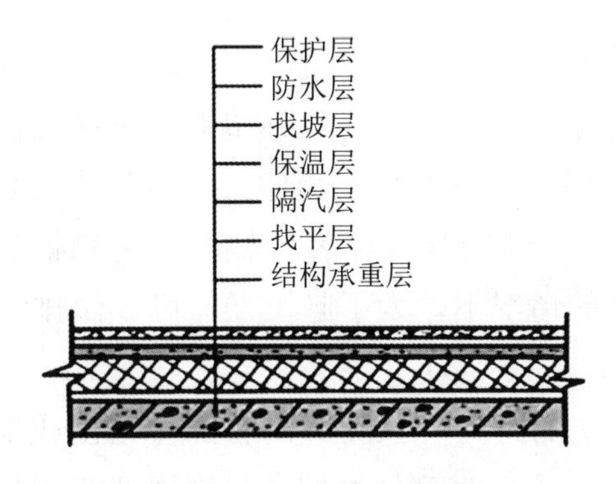

图 4-1 屋面结构层次图

(1) 对隔汽层的要求

隔汽层应当是整体连续的，在屋面与垂直面连接的地方，隔汽层应延伸到保温层顶部并高出 150mm，以便与防水层相连。隔汽层可采用气密性好的合成高分子卷材或防水涂料。

（2）对保温层的要求

保温层宜选用吸水率低、密度和导热系数小，并有一定强度的保温材料。目前有板状材料保温层、纤维材料保温层及整体材料保温层等。

（3）对防水层的要求

屋面防水层，应按设计要求，选择符合标准的防水材料。

（4）对保护层的要求

施工完的防水层应进行雨后观察、淋水或蓄水试验，并应在合格后再进行保护层和隔离层的施工。保护层和隔离层施工前，防水层或保温层的表面应平整、干净；施工时，应避免损坏防水层或保温层。块体材料、水泥砂浆、细石混凝土保护层表面的坡度应符合设计要求，不得有积水现象。

（5）对基层含水率的要求

为了防止卷材屋面防水层起鼓、开裂，要求做防水层以前，保温层应干燥。简单的测试方法是裁剪一块 1m×1m 的防水卷材，平铺在找平层上，过 3 ～ 4h 后揭开卷材，如找平层上没有明显的湿印，即可认为含水率合格；如有明显的湿印甚至有水珠出现，说明基层含水率太高，不宜铺设卷材。

在基层含水率高的情况下，为了赶工期，可以做排汽屋面。排汽屋面的做法如下：

在找平层上隔一定的距离（一般不大于 6m）留出或凿出排汽道。排气道的宽度 30 ～ 140mm，深度一直到结构层，排汽道要互相贯通。通常屋脊上有一道纵向排汽道，在纵横排汽道的交叉处放置排汽管。排汽管可用塑料管或钢管自制，直径 100mm 为宜。排汽管应高出找平层 100 ～ 150mm，埋入保温层的部分周围应钻眼，用钢管时可将埋入部分用三根支撑代替，以利于排汽。排气道内可用碎砖块、大块炉渣等充填，不能用粉末状材料填入。在排汽道上面干铺一层宽150mm的卷材，为防止移动，也可点粘在排汽道上。排汽道上应加防雨帽，架空隔热屋面可以不加，排汽管固定好就可以做卷材了。卷材与排汽管处的防水要做好，用防水涂料加玻纤布涂刷为宜，一般一年后即可以拆掉排汽管，不上人屋面也可以不拆。

1）对防水层的要求：屋面防水层，应按设计要求，选择符合标准的防水材料。

2）对保护层的要求：

①上人屋面按设计要求做保护层。常用的保护层有现浇钢筋混凝土、预制混凝土板以及地砖等。

②不上人屋面纸胎油毡的保护层一般撒绿豆砂。高聚物改性沥青防水卷材可在卷材表面涂刷一层改性沥青胶，随刷胶随撒砂粒、片石、云母粉等，要撒匀、粘牢。

2. 屋面防水施工

屋面防水以排为主，目前，屋面防水大多采用新型防水卷材进行施工。

防水卷材的屋面，大多由防水层、找平层、保温层、找坡层和结构层等组成（图4-2），其中防水层起主导作用，如果防水层做得好、没有渗漏现象，其他构造层次就能发挥其功能，达到预期效果。

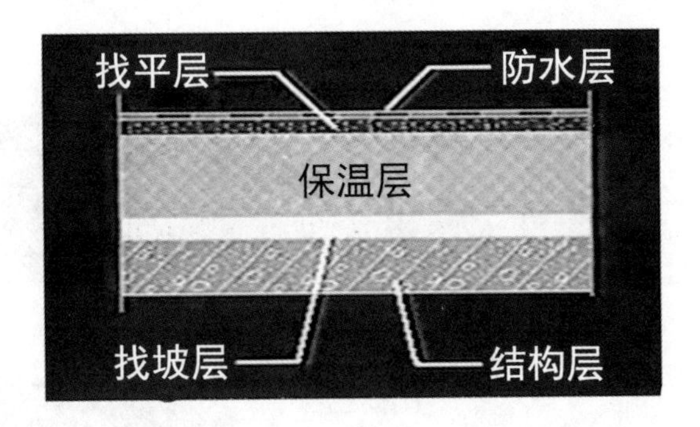

图4-2 防水卷材的屋面的构造

屋面的排水有直排式或有组织排水两种（图4-3）。直排式也叫无组织排水，即让雨水顺屋面顺流直落；有组织排水屋面有女儿墙、水落口，让雨水顺水落口排出。

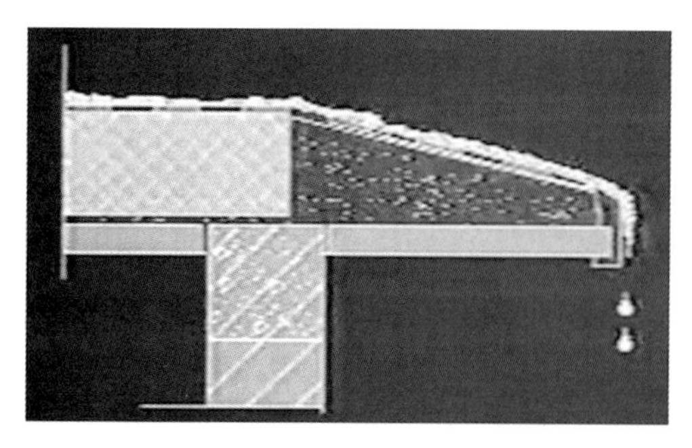

（a）无组织排水

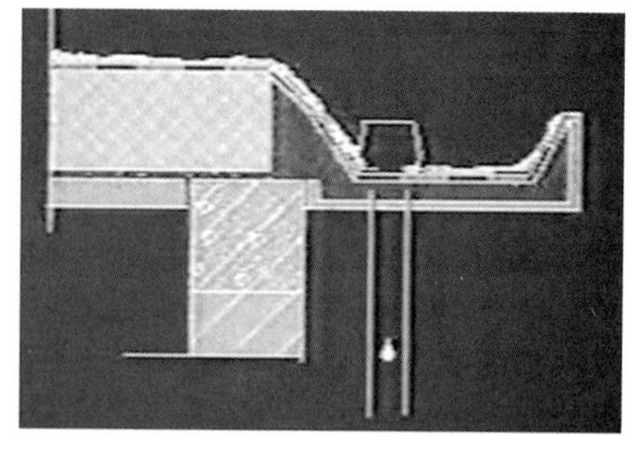

（b）有组织排水

图 4-3 屋面的排水

施工的准备工作见表 4-1。

施工的准备工作 表 4-1

<table>
<tr><th>项目</th><th>图示及说明</th></tr>
<tr><td rowspan="1">施工条件</td><td>1）防水基层及找平层质量的好坏会直接影响防水质量。找平层与突出屋面连接处，应抹成圆弧或是钝角，半径为 100 ～ 150mm。
 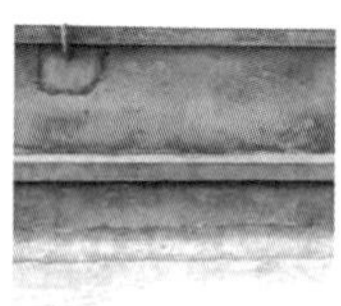 
2）阴阳角都应做成圆弧形，其半径为 50mm 左右。
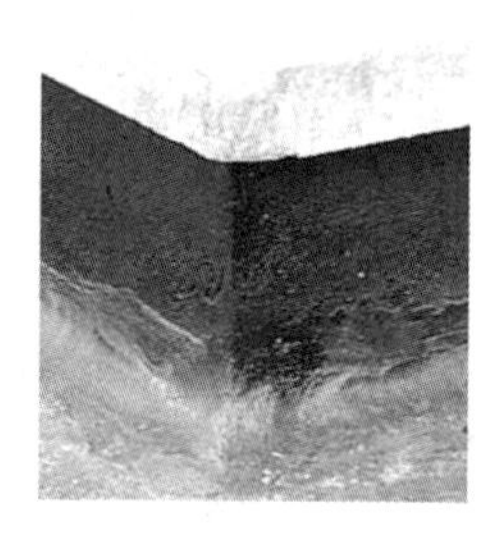 
3）水落口的周围应做成略低的凹坑，坡度为 3% ～ 5%。
</td></tr>
</table>

续表

<table>
<tr><th>项目</th><th>图示及说明</th></tr>
<tr><td rowspan="1">施工条件</td><td>
4）穿过屋面的管道、设备预埋件应预先安置好，并做好防水处理。

5）找平层应坚实、平整，无麻面、起砂等现象，其平整度可用 2m 靠尺检查。缝隙不大于 5m 而且允许平缓变化。

6）如果有凹坑、麻面、裂缝等缺陷，可采用掺有 107 胶的水泥浆刮平，107 胶的掺入量为水泥用料的 10% ～ 15%。

7）找平层应干燥，含水率不要大于 9%，可以用 1m×1m 的卷材覆盖在基层表面，静置 3 ～ 4h。然后，掀开卷材观察，若卷材与基层没有水珠、水印，说明基层含水率满足要求，屋面可能爬水的部位如檐口、女儿墙等，均应抹滴水线。

8）找平层易留分隔缝，缝宽为 20mm，纵横向最大间距不大于 6m。
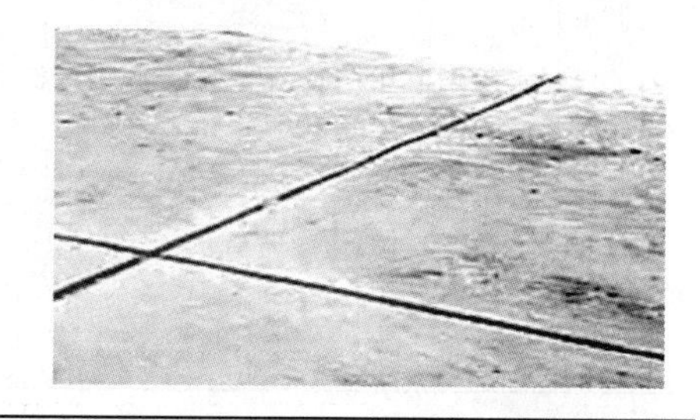
</td></tr>
</table>

续表

<table>
<tr><th>项目</th><th>图示及说明</th></tr>
<tr><td>施工前准备</td><td>
在进行屋面防水施工前，应做好以下准备工作：
1）在施工现场，对防水卷材应妥善保管，有条件的地方最好贮存在室内。

防水卷材及配套胶粘剂在进入现场的同时，应向厂方索要产品合格证及材料的技术性能指标；并同时取样，送实验室检验，看其是否符合技术指标及有关标准规定，不合格者不得使用。
对高聚物改性沥青防水卷材应进行拉伸性能、耐热度、柔性、不透水性试验；对于合成高分子卷材应该进行拉伸强度、断裂伸长率、低温弯折性和不透水性的试验。
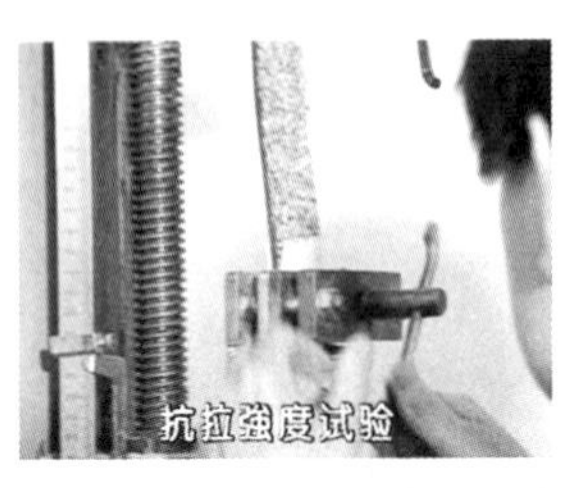

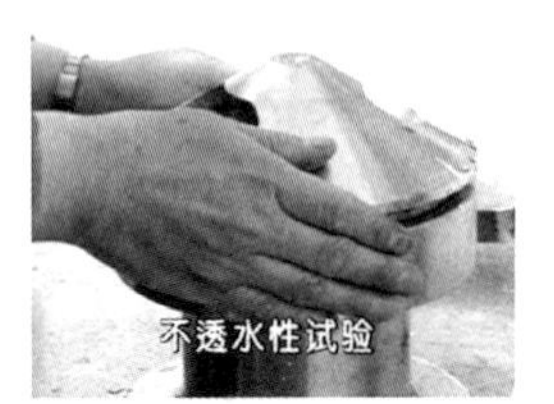

2）施工机具包括：高压吹风机、扫帚、水平铲、电动搅拌器、滚动刷、铁通、漆油喷灯、轧子、手持轧滚、剪刀、钢卷尺、小线绳、安全带和工具箱等。

</td></tr>
</table>

续表

项目	图示及说明
施工前准备	3）屋面防水的施工方法：主要有热熔卷材防水施工和冷粘卷材防水施工两种。 热熔卷材防水施工是指采用加热器熔化防水卷材底层的热熔胶，实现卷材与基层粘结的方法。这种施工方法速度快、功效高、不受季节限制，甚至可以在 -10℃的气温下施工。  冷粘卷材防水施工是以高分子卷材为主体材料，配之以与卷材同类型号的胶粘剂及其他辅助材料，用胶粘剂将卷材粘贴在基层上，形成防水层的施工方法。 

3. 改性沥青防水卷材施工

改性沥青防水卷材的施工方法有热熔法、冷粘法、冷粘法加热熔法、热沥青粘结法等，目前使用较多的是热熔法。

改性沥青防水卷材施工前对基层的要求和处理方法与沥青基防水卷材相同，主要是检查找平层的质量和基层含水率。改性沥青防水卷材每平方米屋面铺设一层时，需卷材 1.15 ～ 1.2m^2。

（1）热熔法施工

工艺流程：清理基层→涂刷处理剂→铺贴附加层→热熔铺贴大面→热熔封边→蓄水试验→保护层施工→质量验收。

热熔法的施工，详见表 4-2。

热熔法的施工 表 4-2

项目	图示及说明
清理基层	  对基层上的杂物、砂浆、疙瘩、砂粒灰尘等，都必须认真清扫，尘土要认真吹净，做到基层干燥平整，待验收合格以后，才能进行防水施工。
涂刷处理剂	将处理剂均匀涂刷在基层，要求薄厚均匀、不漏底，形成一层厚度均匀的防水层。到水落口处时，要先刷女儿墙阴角处，再刷水落口四周，水落口内外都要涂刷均匀，不得有遗漏。   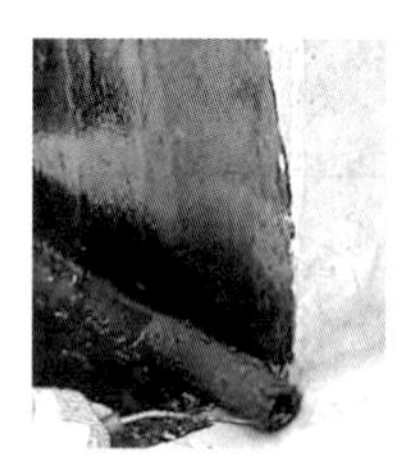 对不排气屋面的分隔缝，要用毛刷或吹风机吹净灰尘以后，镶填油膏，一般涂刷 4 小时以上或者根据气候条件确定涂刷时间。待基层处理剂渗入基层，表面干燥以后，才能进行下一道工序。 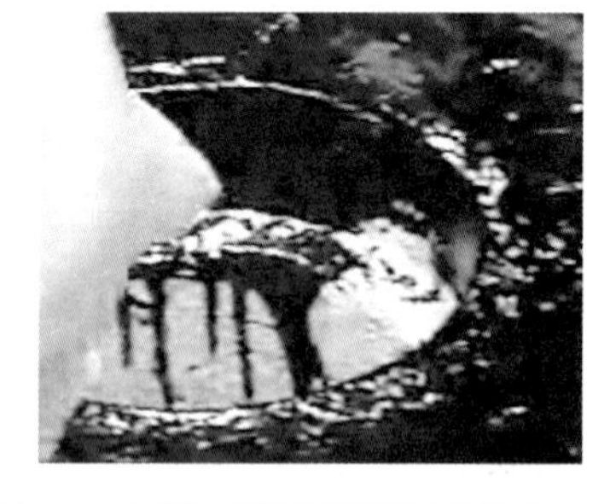
铺贴卷材附加层	1）女儿墙转角部位铺贴卷材时应横向铺贴，卷材宽度上下均匀不得小于 150mm，应该尽量减少接头。卷材搭接宽度不小于 150mm。将卷材热熔封边，用抹子抹平。

续表

项目	图示及说明
 铺贴卷材附加层	 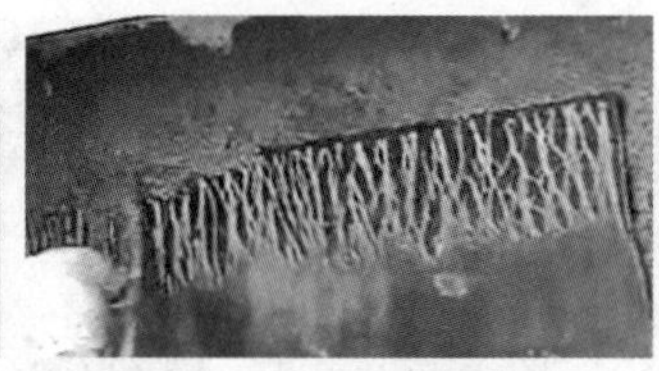  2）对于外排水的水落口，其防水附加层分两步进行。 第一步，剪一块与方形水落口孔径相仿的U形卷材，插入水落口内50mm，用喷灯烘烤卷材及水落口，用手掌挤压卷材，将卷材牢固的粘贴在水落口内壁，将露出的卷材翻剪开、烘烤后粘贴在找平层上，再将卷材热熔封边。      第二步，剪一块大于水落口直径300～400mm的卷材，将水落口盖住、贴牢，以方形水落口对角线为基准，剪X自裁口，将卷材往水落口内翻贴，并且热熔封边。

续表

项目	图示及说明
 铺贴卷材附加层	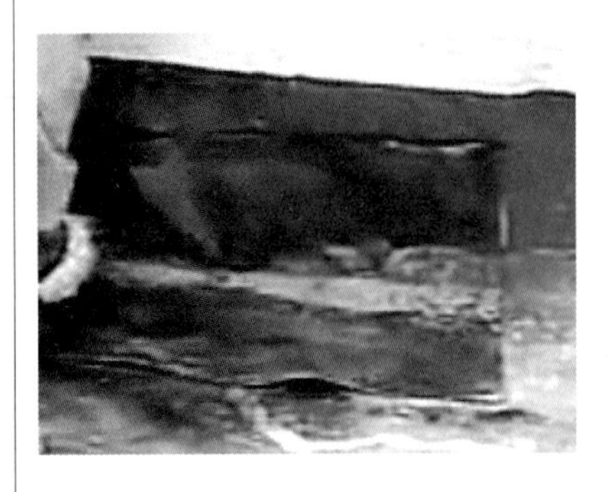 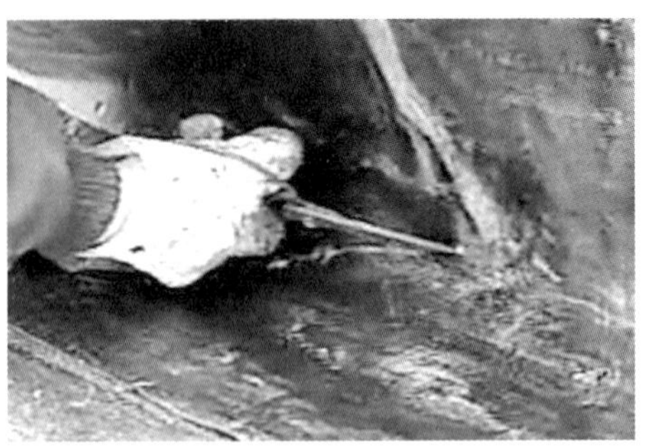 3）管子根部的附加层要特殊处理。 第一步，选一块方形卷材，比管径大出200mm，沿卷材中心部位，将卷材从中间缝剪开，呈米字形，然后顺势划开，将划开的卷材套在管子底部。然后用满铺法，将卷材热熔粘贴在管子底部。   第二步，根据管子外径尺寸，剪一条长度大于管径100mm，宽度不小于250mm的管根外套卷材，用满铺法将卷材热熔，紧密铺贴在管子上。  

续表

<table>
<tr><th>项目</th><th>图示及说明</th></tr>
<tr><td>铺贴卷材附加层</td><td>4）对三面阴角，取一块300mm×300mm的方形卷材，将其对折，沿折线将卷材下部切开至卷材中心点，根据角度，将切口处卷材叠起来，热熔铺贴于基层上。再将一块小三角卷材，热熔粘贴在三面角的交接点。

5）阳角处的附加层，要按施工在拐角处划一刀，使阳角下檐的卷材岔开，铺贴阳角卷材的时候，要注意每个部位都要烘烤到位，使沥青呈熔化状态，再将卷材压实在基层上压实、紧密。
然后再用卷材铺贴在开叉处上面。

 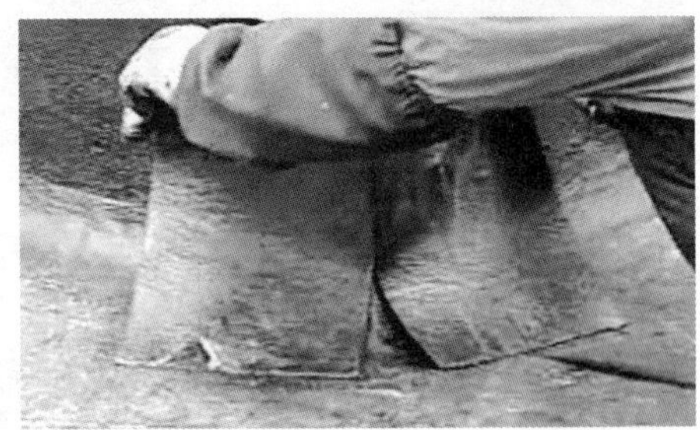
排气孔阳角的另一个做法，可以将附加层延长部位上端划开，直接围在下端，热熔贴牢。然后再加铺小片，将接缝封严。
 </td></tr>
</table>

续表

<table>
<tr><th>项目</th><th>图示及说明</th></tr>
<tr><td>热熔铺贴大面防水卷材</td><td>为了使卷材铺贴平整，先要弹基准线，线与线之间的距离要根据卷材的宽度而定，并且留出100mm的搭接线。

将卷材定位后重新卷好，点燃火焰喷枪（喷灯）烘烤卷材底面与基层的交接处，使卷材底面的沥青熔化，边加热边向前滚动卷材，并用压辊滚压，使卷材与基层粘结牢固。应注意调节火焰的大小和移动速度，以卷材表面刚刚熔化为好（此时沥青的温度在200～230℃之间）。火焰喷枪与卷材的距离约0.3～0.5m。若火焰太大或距离太近，会烤透卷材，造成卷材粘接，打不开卷；若火焰太小或距离太远，卷材表层会熔化不够，与基层粘结不牢。热熔卷材施工一般由两人操作，一人加热，一人铺毡。（短边搭接缝：单层防水为150mm，双层防水为100mm，搭接要紧密，在边部形成沥青条；长边纵向搭接缝：单层防水为100mm，双层防水为80mm）。

防水材料均为易燃品，其稀释剂、洗涤剂、燃料更易爆、易燃，故防水施工现场，要备好灭火器、砂堆等防火器材。
 </td></tr>
</table>

续表

项目	图示及说明
热熔封边	把卷材搭接缝用抹子挑起，用火焰喷枪（喷灯）烘烤卷材搭接处。火焰的方向应与施工人员的方向相反，随即用抹子将接缝处熔化的沥青抹平。 第一层铺完的屋面防水工程，应当表面平整、卷材粘接牢固、搭接宽度符合规范要求、封边要严密、卷材收头应该粘接牢固，不允许有皱褶、孔洞、脱层和滑移现象。 双层卷材铺贴，上下层应错开 1/3 ～ 1/2，禁止重叠。同一层相邻两幅卷材铺贴时，横向搭接应该错开 1.5m 以上。 屋面防水卷材的铺贴，必须遵守一定的施工顺序，即先高后低、先远后近。在高低跨屋面相连接的建筑物，要先铺高跨屋面，后铺低跨屋面；在同高度大面积屋面上，要先铺较远的部位，后铺距离较近的部位；还应注意从檐口处向屋脊处铺贴；从水落口处向两边分水岭处铺贴，使防水卷材顺水接茬。 在每一道防水工程完工以后，要由专人进行检查验收，不合格必须返工，合格后方能进行下道工序。
蓄水试验	屋面防水层完工后，应做蓄水试验或淋水试验。 蓄水高度根据工程而定，在屋面重量不超过荷载的前提下，应尽可能使水没过屋面，蓄水 24h 以上，屋面无渗漏为合格。
保护层施工	不上人屋面可在卷材防水层表面边涂橡胶改性沥青胶粘剂边撒石片（最好先过筛，将石片中的粉除去），要撒布均匀，用压辊滚压使其粘接牢固。待保护层干透、粘牢后，可将未粘牢的石片扫掉。
热熔铺贴大面防水卷材	上人屋面按设计要求铺方砖或水泥砂浆保护层。方砖下铺 10 ～ 20mm。铺设时一拉通线，以便控制板面平整及坡度，在女儿墙周围及每隔一定距离，应留有适当宽度的伸缩缝。要求表面不得有凹凸、横竖缝整齐，方砖之间的缝用水泥砂浆灌实。

续表

项目	图示及说明
热熔铺贴大面防水卷材	

注：热熔法施工的关键，是掌握烘烤的温度。温度过低，改性沥青没有熔化，粘接不牢；温度过高，沥青碳化、甚至烧坏胎体或将卷材烧穿。烘烤的温度与火焰的大小、火焰和烘烤面的距离、移动的速度以及气温、卷材的品种等诸多因素有关，要在实践中，不断总结积累经验。加热程度控制为热熔胶出现黑色光泽，此时沥青的温度在 200 ～ 230℃之间，发亮并且为泡现象，但不能出现大量气泡。

卷材与卷材搭接时，要将上下搭接面同时烘烤，粘合后从搭接边缘要有少量连续的沥青挤出来，如果有中断，说明这一部位没有粘好。要用小扁铲挑起来再烘烤，直到沥青挤出来为止。边缘挤出的沥青要随时用小抹子压实（图 4-4）。

图 4-4

对于铝箔覆面的防水卷材，烘烤到搭接面时，火焰要放小，防止火焰烤到已铺好的卷材上，损坏铝箔，必要时还要用隔板保护。

铺贴时，要让卷材在自然状态下展开，不能强拉硬扯，如发现卷材铺偏了，要裁断再铺，不能强行拉正，以免卷材局部受力，造成开裂。

(2) 冷粘法施工

改性沥青防水卷材在不能用火的地方以及卷材厚度小于3mm时，宜用冷粘法施工。

冷粘法施工质量的关键是胶粘剂的质量。胶粘剂材料要求与沥青相容，剥离强度要大于8N/10mm，耐热度大于85℃。不能用一般的改性沥青防水涂料作胶粘剂，施工前应先做粘结性能试验。冷粘法施工时对基层要求比热熔法更高，基层如不平整或起砂就粘不牢。

冷粘法施工时，应先将胶粘剂稀释后在基层上涂刷一层（图4-5）。干燥后即粘贴卷材，不可隔时过久，以免落上灰尘，影响粘贴效果。粘贴时同样先做附加层和复杂部位，然后再大面积粘贴。涂刷胶粘剂时要按卷材长度边涂边贴，涂好后稍晾一会让溶剂挥发掉一部分，然后将卷材贴上。溶剂过多卷材会起鼓。卷材与卷材粘结时更应让溶剂多挥发一些，边贴边用压辊将卷材下的空气排出去（图4-6）。要贴得平展，不能有皱折。有时卷材的边沿并不完全平整，粘贴后边沿会部分翘起来，此时可用重物把边沿压住，过一段时间待粘牢后再将重物去掉。

图4-5 涂刷胶粘剂

图4-6 用压辊排出空气

改性沥青防水卷材不管用以上哪种方法施工，施工后都要进行仔细检查，卷材与卷材的搭接处、卷材的收头处是检查的重点。屋面铺贴的地方如有起包，要割开排出空气再粘牢。在割开处要另补一块卷材满粘在上面。检验合格后有条件的屋面可做蓄水试验，没有蓄水条件的应做淋水试验。一般蓄水 24 小时，水深 100mm；淋水 2 小时以上，无渗漏即可交工验收。

4. 合成高分子防水卷材施工

(1) 防水卷材冷粘法施工

防水卷材冷粘法操作是指采用胶粘剂进行卷材与基层、卷材与卷材的粘结，而不需要加热施工的方法。

合成高分子防水卷材用冷粘法施工，不仅要求找平层干燥，施工过程中还要尽量减少灰尘的影响，所以卷材在有霜有雾时，也要等霜雾消失找平层干燥后再施工。卷材铺贴时遇雨、雪应停止施工，并及时将已铺贴的卷材周边用胶粘剂封口保护。夏期夜间施工时，当后半夜找平层上有露水时也不能施工。

1）工艺流程：清理基层→涂刷基层处理剂→附加层处理→卷材表面涂胶（晾胶）→基层表面涂胶（晾胶）→卷材的粘结→排气压实→卷材接头粘结（晾胶）→压实→卷材末端收头及封边处理→做保护层。

2）操作工艺，详见表 4-3。

防水卷材冷粘法施工工艺 表 4-3

步骤	图示及说明
涂刷基层处理剂	施工前将验收合格的基层重新清扫干净，以免影响卷材与基层的粘结。基层处理剂一般是用低黏度聚氨酯涂膜防水材料，其配合比为甲料：乙料：二甲苯＝1:1.5:3，用电动搅拌器搅拌均匀，再用长把滚刷蘸满处理剂后均匀涂刷在基层表面，不得见白露底，待胶完全干燥后即可进行下一工序的施工。 

续表

步骤	图示及说明
复杂部位增强处理	对于阴阳角、水落口、通气孔的根部等复杂部位，应先用聚氨酯涂膜防水材料或常温自硫化的丁基橡胶胶粘带进行增强处理。 
涂刷基层胶粘剂	先将氯丁橡胶系胶粘剂（或其他基层胶粘剂）的铁桶打开，用手持电动搅拌器搅拌均匀，即可进行涂刷基层胶粘剂。  ①在卷材表面上涂刷： 先将卷材展开摊铺在平整、干净的基层上（靠近铺贴位置），用长柄滚刷蘸满胶粘剂，均匀涂刷在卷材的背面，不要刷得太薄而露底，也不得涂刷过多而聚胶。 还应注意，从搭接缝部位处不得涂刷胶粘剂，此部位留作涂刷接缝胶粘剂用。涂刷胶粘剂后，经静置 10 ～ 20min，待指触基本不粘手时，即可将卷材用纸筒芯卷好，就可进行铺贴。打卷时，要防止砂粒、尘土等异物混入。  应该指出，有些卷材如 LYX—603 氯化聚乙烯防水卷材，在涂刷胶粘剂后立即可以铺贴卷材。因此，在施工前要认真阅读厂商的产品说明书。 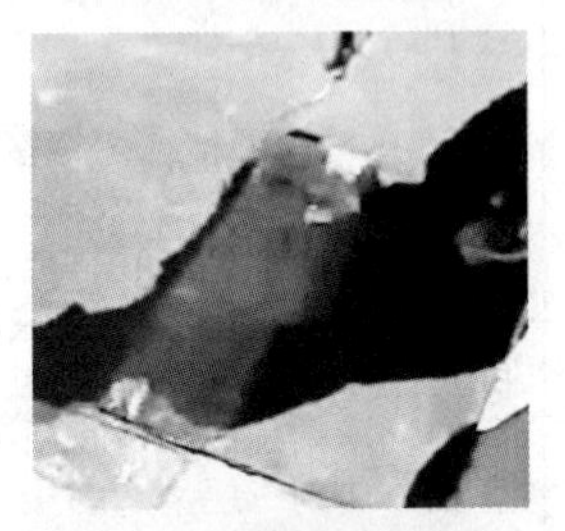 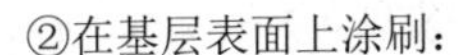 ②在基层表面上涂刷： a. 用长柄滚刷蘸满胶粘剂，均匀涂刷在基层处理剂已基本干燥和洁净的表面上。涂刷时要均匀，切忌在一处反复涂刷，以免将底胶“咬起”。涂刷后，经过干燥 10 ～ 20min，指触基本不粘手时，即可铺贴卷材。  b. 铺贴卷材：操作时，几个人将刷好基层胶粘剂的卷材抬起，翻过来，将一端粘贴在预定部位，然后沿着基准线铺展卷材。铺展时，对卷材不要拉得过紧，而要在合适的状态下，每隔一米左右对准基准线粘贴一下，以此顺序对线铺贴卷材。平面与立面相连的卷材，应由下开始向上铺贴，并使卷材紧贴阴面压实。 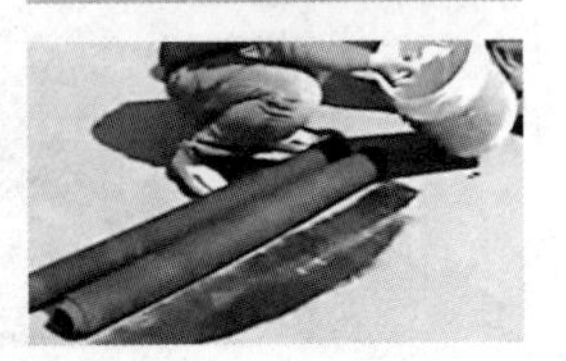

续表

<table>
<tr><th>步骤</th><th>图示及说明</th></tr>
<tr><td>涂刷基层胶粘剂</td><td>c. 排除空气和滚压：每当铺完一卷卷材后，应立即用松软的长把滚刷从卷材的一端开始朝卷材的横向顺序用力滚压一遍，彻底排除卷材与基层间的空气。
 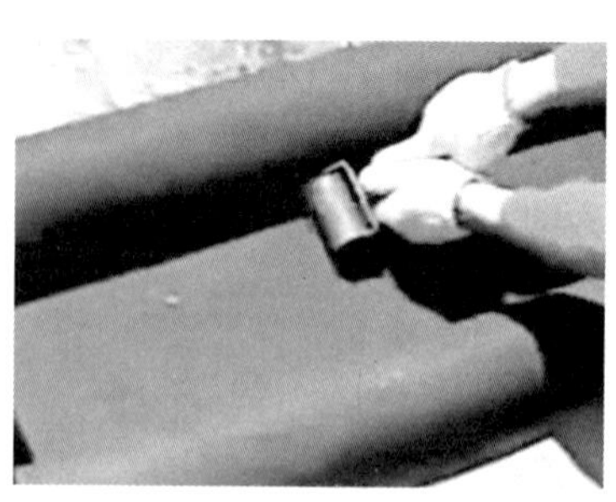
排除空气后，卷材平面部位可用外包橡胶的大压辊滚压，使其粘结牢固。
滚压时，应从中间向两侧移动，做到排气彻底。如有不能排除的气泡，也不要割破卷材排气，可用注射用的针头，扎入气泡处，排除空气后，用密封胶将针眼封闭，以免影响整体防水效果和美观。
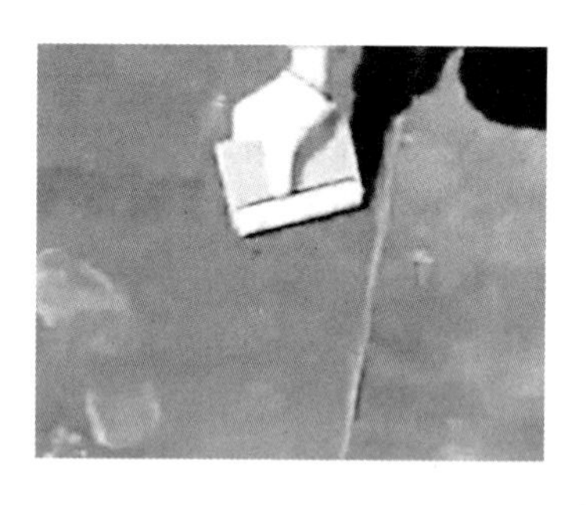
d. 卷材接缝粘结：搭接缝是卷材防水工程的薄弱环节，必须精心施工。施工时，首先在搭接部位的上表面，顺边每隔 0.5 ～ 1m 处涂刷少量接缝胶粘剂，待其基本干燥后，将搭接部位的卷材翻开，先做临时固定。然后将配置好的接缝胶粘剂用油漆刷均匀涂刷在翻开的卷材搭接缝的两个粘结面上，涂胶量一般以 0.5 ～ 0.8kg/m^2 为宜。干燥 20 ～ 30min 指触手感不粘时，即可进行粘贴。粘贴时应从一端开始，一边粘贴一边驱除空气，粘贴后要及时用手持压辊按顺序认真地滚压一遍，接缝处不允许有气泡或皱折存在。遇到三层重叠的接缝处，必须填充密封膏进行封闭，否则将成为渗水路线。
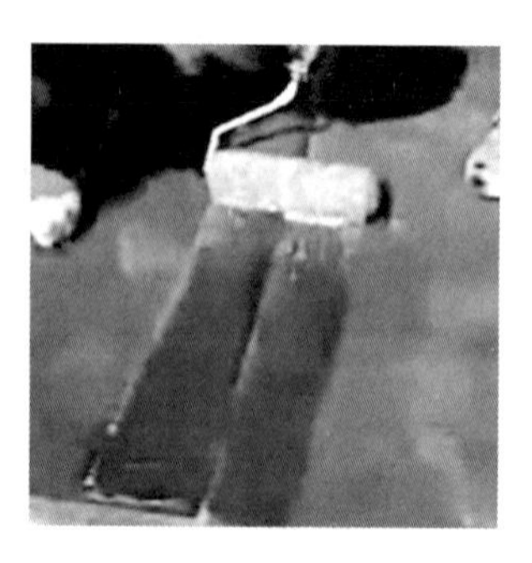 </td></tr>
</table>

续表

步骤	图示及说明
涂刷基层胶粘剂	e. 卷材末端收头处理：为了防止卷材末端收头和搭接缝边缘的剥落或渗漏，该部位必须用单组分氯磺化聚乙烯或聚氨酯密封膏封闭严密，并在末端收头处用掺有水泥用量20% 的 108 胶水泥砂浆进行压缝处理。 常见的几种末端收头处理如下： 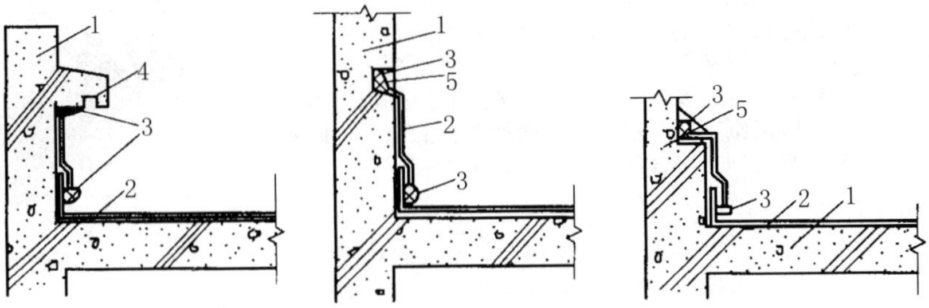 屋面与墙面防水卷材末端收头处理 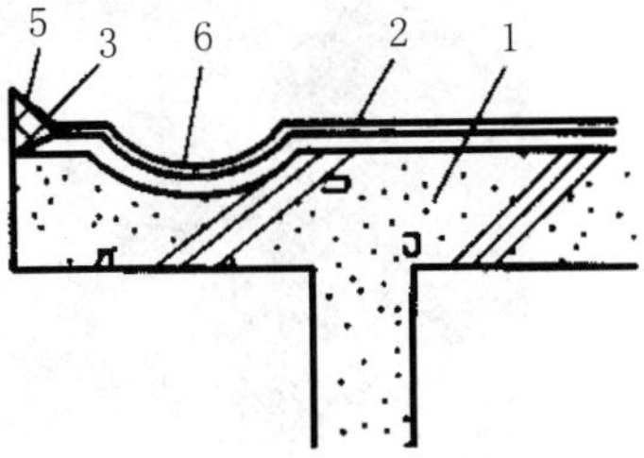 檐口防水卷材末端收头处理 1—混凝土或水泥砂浆找平层；2—高分子防水卷材；3—密封膏嵌填；4—滴水槽；5—108 胶水泥砂浆；6—排水沟 防水层完工后应做蓄水试验，其方法与前述相同。合格后方可按设计要求进行保护层施工。

(2) 卷材自粘法施工

卷材自粘法施工是采用带有自粘胶的一种防水卷材，不需热加工，也不需涂刷胶粘剂，可直接实现防水卷材与基层粘结的一种操作工艺。实际上，这是冷粘法操作工艺的发展。

由于自粘型卷材的胶粘剂与卷材同时在工厂生产成型，因此质量可靠，施工简便、安全。更因自粘性卷材的粘结层较厚，有一定的徐变能力，适应基层变形的能力增强，且胶粘剂与卷材合二为一，同步老化，延长了使用寿命。

卷材自粘法施工的操作工艺中，清理基层、涂刷基层处理剂节点密封等与冷粘法相同。一般可以分为滚铺法、抬铺法以及搭接缝粘贴，具体操作，详见表 4-4。

卷材自粘法施工工艺 表 4-4

<table>
<tr><th>项目</th><th>图示及说明</th></tr>
<tr><td>滚铺法</td><td>施工时，不要打开整卷卷材，把卷材抬到待铺位置的开始端，并把卷材向前展开 500mm 左右。
由一人把开始端的 500mm 卷材拉起来，撕剥开始部分的隔离纸。将其折成条形，或撕断已剥部分的隔离纸。对准已弹好的粉线，轻轻摆铺。同时注意长短方向的搭接再用手予以压实，待开始端的卷材固定后，撕剥端部隔离纸的工人把折好的隔离纸拉铺，如撕断则重新剥开。卷到已用过的包装纸芯筒上，随即缓缓剥开隔离纸，并向前移动。而抬卷材的两人，同时沿基准粉线向前滚铺卷材。

注：每铺完一组卷材，即可用长柄滚刷从开始端起，彻底排除卷材下面的空气，排完空气后，再用大压辊将卷材压实平整，确保粘接牢固。</td></tr>
<tr><td>抬铺法</td><td>当待铺部位较复杂，如天沟、泛水、阴阳角或有凸出物的基面时，或由于屋面面积较小以及隔离纸不易撕剥（如温度过高、储存保管不好等）时就可采用抬铺法施工。

抬铺法是先将要铺贴的卷材剪好，反铺于屋面平面上，待剥去全部隔离纸后，再铺贴卷材。首先应根据屋面形状考虑卷材搭接长度剪裁卷材，其次要认真撕剥隔离纸。撕剥时，已剥开的隔离纸宜与粘结面保持 45°～60° 的锐角，防止拉断隔离纸。另外，剥开的隔离纸要放在合适的地方，防止被风吹到已剥去隔离纸的卷材胶结面上。剥完隔离纸后，使卷材的粘结胶面朝外，把卷材沿长向对折。对折后，分别由两人从卷材的两端配合翻转卷材，翻转时，要一手拎住半幅卷材，另一手缓缓铺放另半幅卷材。在整个铺放过程中，各操作工人要用力均匀，配合默契。待卷材铺贴完成后，应与滚铺法一样，从中间向两边缘处排出空气后，再用压辊滚压，使其粘结牢固。</td></tr>
<tr><td>搭接缝粘贴</td><td>自粘性卷材上表面有一层防粘层，在铺贴卷材前，应将相邻卷材待搭接部位的上表面防粘层先融化掉，使搭接层能粘接牢固。操作时用手持汽油喷灯，沿搭接粉线熔烧搭接部位的防粘层。卷材搭接应在大面卷材排除空气并压实后进行。
</td></tr>
</table>

续表

项目	图示及说明
搭接缝粘贴	粘接搭接缝时，应掀开搭接部位的卷材，用扁头热风枪加热搭接卷材底面的胶粘剂，并逐渐前移，另一人紧随其后，把加热后的搭接部位卷材马上用棉纱团从里向外排气，并抹压平整，最后一人则用手持压辊滚压搭接部位，使搭接缝密实，加热时应控制好加热程度，其标准是经过压实后在搭接边的末端有胶粘剂稍稍外溢为度。 接缝处粘接密实后，所有搭接缝均应用密封材料封边，宽度不少于 10mm，其涂封量可参照材料的有关规定。 

5. 卷材施工的注意事项

卷材施工的注意事项，见表 4-5。

卷材施工的注意事项 表 4-5

项目	图示及说明
卷材接缝搭接	搭接缝是卷材防水工程的薄弱环节，必须精心施工。 1）施工时，首先在搭接部位的上表面，顺边每隔 0.5 ～ 1m 处铺刷少量接缝胶粘剂，待其基本干燥后，将搭接部位的卷材翻开，先做临时固定。 2）然后将配制好的接缝胶粘剂，用油漆刷均匀地涂刷在翻开的卷材搭接缝的两个粘接面上，涂胶量一般以 $0.5 \sim 0.8kg/m^2$ 为宜。 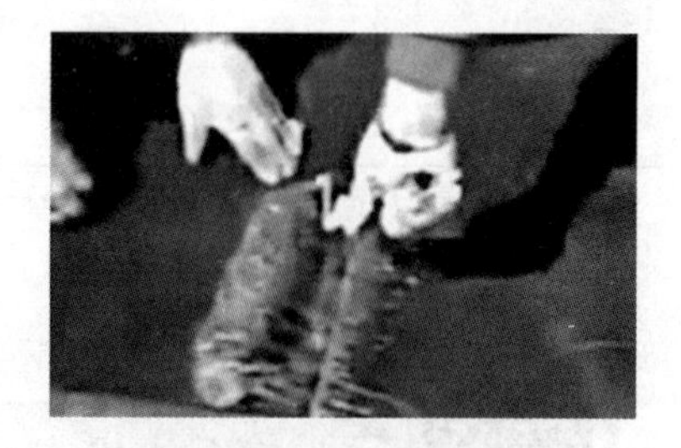  

续表

项目	图示及说明
卷材接缝搭接	3）干燥 20 ～ 30min，指触感不黏时即可粘贴。 4）粘贴时应从一端开始，一边粘贴一边去除空气，粘贴后，要用手持压辊，按顺序认真地滚压一遍。接缝处不允许有气泡或皱褶存在。 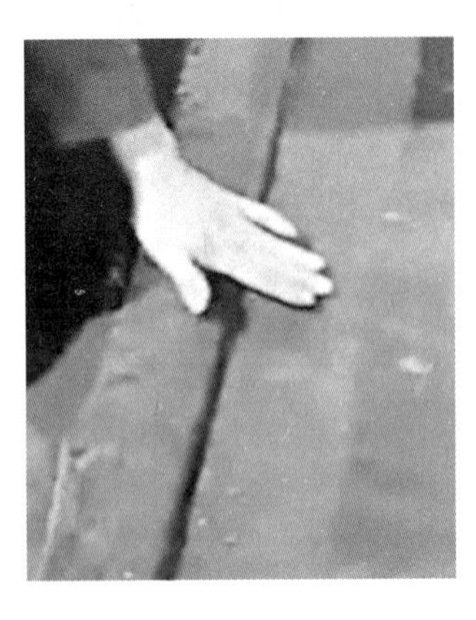 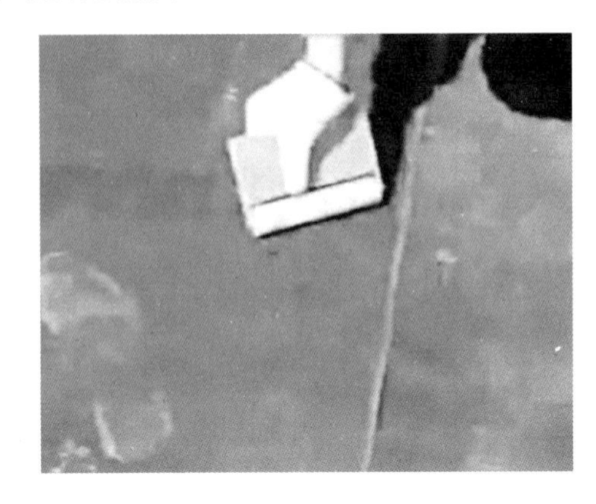 注：遇到三层重叠接缝处，必须填充密封膏进行封闭，否则将成为渗水路线。
卷材末端收头处理	为了防止卷材末端收头和搭接缝边缘的剥落或渗漏，该部位必须用单组分氯磺化聚乙烯或聚氨酯密封膏密封严密。并在末端收头处用掺有水泥用量 20%108 胶的水泥砂浆进行压缝处理。

注：防水层完工后，应做蓄水试验，合格后，方可按设计要求进行保护层施工。

第二节 涂膜防水屋面

涂膜防水屋面是指在屋面基层上涂刷防水涂料，经固化后形成有一定厚度和弹性的一层整体涂膜，以达到防水目的的一种防水屋面形式。具体做法根据屋面构造和涂料本身的性能要求而定。涂膜防水屋面典型的构造层次如图 4-7 所示，具体施工根据设计要求来确定层次。

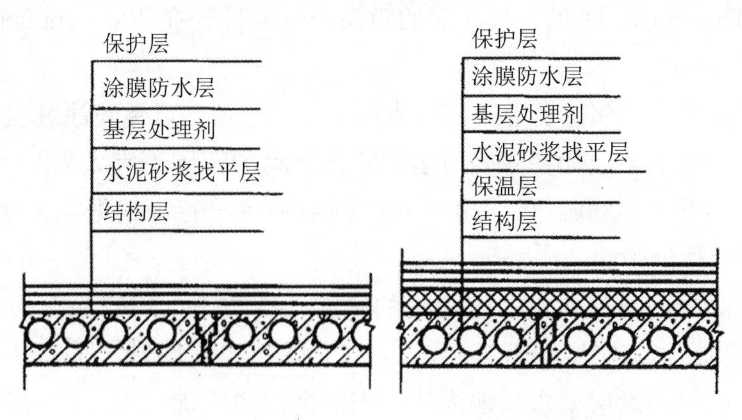

（a）无保温层涂膜屋面　　（b）有保温层涂膜屋面

图 4-7　涂膜防水屋面典型的构造层次

1. 合成高分子涂料防水层施工

(1) 清理基层

先用铲刀等工具将基层表面的凸起物、砂浆疙瘩等异物铲除，并用扫帚将尘土杂物彻底清扫干净。对于凹凸不平处，用高标号水泥砂浆补齐顺平。阴阳角、管根、地漏和排水口等部位要做到认真清理。

(2) 涂膜施工

涂膜施工可采用喷涂或刮涂施工的方法。当采用刮涂施工时，要注意每遍刮涂的推进方向与前一遍相互垂直。

1）喷涂施工

①调至涂料达到施工所需黏度，装入贮料罐或压力供料筒中，关闭开关。要注意的是涂料的稠度要适中，太稠不便施工，太稀则遮盖力差，影响涂层厚度且容易流淌。

②打开空气压缩机并调节，使空气压力达到喷涂压力。

③喷涂作业时，手握喷枪要稳，喷枪出口应与被涂面垂直，喷枪移动方向应与喷涂面平行。喷枪运行速度要适宜，且需保持一致，一般为

400 ～ 600mm/min。喷嘴与被涂面的距离一般应控制在 400 ～ 600mm，以便喷涂均匀。

④不需喷涂的部位要用纸或其他物体将其遮盖，以免喷涂过程中受污染。

⑤喷涂行走路线如图 4-8 所示。喷枪移动的范围不宜太大，一般情况下直线喷涂 800 ～ 1000mm 后，拐弯 180° 向后喷下一行。根据施工情况可选择横向或竖向往返喷涂。

⑥喷涂面的搭接宽度，这里说的是第一行与第二行喷涂面的重叠宽度，一般应控制在喷涂宽度的 1/3 ～ 1/2，以便涂层厚度均匀一致。

⑦一般每一涂层要求二遍成活，横向竖向各喷涂一遍，两遍喷涂的时间间隔由防水涂料的品种及喷涂厚度而定。

⑧如遇到喷枪喷涂不到的地方，应用油刷刷涂。

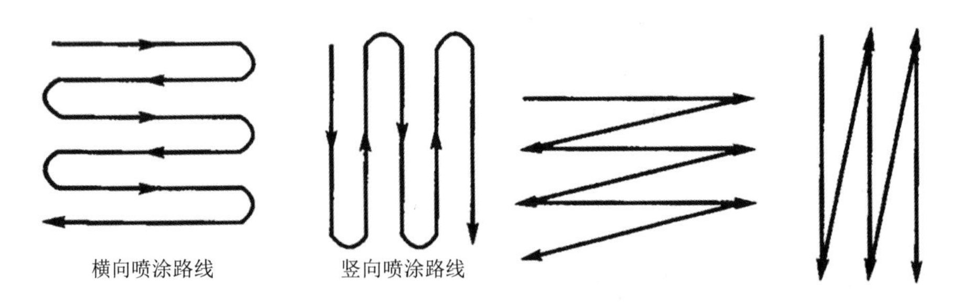

（a）正确的喷涂行走路线　　（b）不正确的喷涂行走路线

图 4-8　喷涂行走路线

2）刮涂施工

①防水涂料使用之前，应搅拌均匀。为了增强防水层与基层的结合力，可在基层上先涂刷一遍基层处理剂。当使用某些渗透力强的防水涂料时，可以不涂刷基层处理剂。

②刮涂时应用力按刀，使其与被涂面的倾斜角为 50° ～ 60°，且用力要均匀。

③涂层厚度的控制可预先在刮板上固定铁丝（或木条）或在屋面上做好标志。铁丝（或木条）的高度要与每遍涂层厚度一致。一般需刮涂 2 ～ 3 遍，总厚度为 4 ～ 8mm。

④刮涂时注意只能来回刮 1 ～ 2 次，不可往返多次刮涂。遇有圆形、菱形基面，可用橡皮刮刀进行刮涂。

⑤为了加快施工进度，也可采用分条间隔施工，先批涂层干燥后，再抹后批空白处。分条宽度一般为0.8～1.0m，以便抹压操作，并与胎体增强材料宽度保持一致。

⑥前一遍涂料完全干燥后，便可进行下一遍涂料施工。一般以脚踩不粘脚、不下陷（或下陷能回弹）为准，便可进行下一道涂层施工，干燥时间不宜少于12h。

⑦当涂膜有气泡、皱折、凹陷、刮痕等现象时，应立即进行修补，然后才能进行下一道涂膜施工。

（3）收头处理

1）所有涂膜收头均要用密封材料压边封固，压边宽度不得小于10mm。

2）收头处使用的胎体增强材料应裁剪整齐，如遇凹槽应压入凹槽内，不得有翘边、皱折、露白等缺陷。

3）泛水处宜直接涂布至女儿墙的压顶下，压顶上部也要做防水处理，避免泛水处或压顶的抹灰层开裂而使屋面渗漏。

（4）做保护层

1）涂膜防水作为屋面面层时，一般不宜采用着色剂类保护层，应铺面砖等刚性保护层。

2）保护层的涂膜应在涂布最后一遍防水涂料时进行。

3）对于水乳型防水涂料层上撒布细砂等粒料时，撒布后要立即滚压，才能够使保护层与涂膜黏结牢固。

4）当采用浅色涂料做保护层时，要在涂膜干燥或固化之后进行涂布。

2. 聚合物水泥涂料防水层施工

（1）清理基层

先以铲刀等工具铲除基层表面的凸起物、砂浆疙瘩等异物，并用扫帚将尘土杂物彻底清扫干净。对于凹凸不平处，应用高标号水泥砂浆补齐或顺平。对于阴阳角、管根、地漏和排水口等部位要着重清理。基层残余的砂浆杂物、酥松起砂及凸起物，尤其是阴角部位的残渣也要清理，使其达到坚实、平整、干净，并对基层分格缝嵌填密封膏。

（2）配制防水涂料

按照厂家指定的比例分别称取液料和固体分料组分。搅拌时把分料缓慢倒入液料中，充分搅拌不少于 10min，至无气泡为止。搅拌时注意不得加水或混入上次搅拌的残液及其他杂质。配好的涂料必须在规定的时间内用完。

（3）涂膜施工

1）采用长板刷或圆形滚动涂刷进行施工，涂刷要横竖交叉进行，要求平整均匀、厚度一致。约 4h 后涂料可刚结成膜，此后便可进行下一层涂刷。为避免屋面因温度变化产生胀缩，应在涂刷第二层涂膜后铺无纺布，然后涂刷第三层涂膜。无纺布的搭接要求不小于 100mm。屋面涂刷至少五遍，厚度不得小于 1.5mm。

2）涂覆底层涂料。配比为液料：粉料：水＝ 10:10:14，用滚刷或油漆将涂料均匀涂覆在基层表面。

3）涂覆下层涂料。涂覆下层涂料时，其配比为液料：粉料：水＝ 10:10:（0 ～ 2），要在底层涂料干燥后进行。

4）涂覆中层涂料。涂覆中层涂料时，其配比与涂覆下层涂料相同，要在下层涂料干燥后进行。

5）涂覆面层涂料，要在中层涂料干燥后进行，材料配比与下层涂料相同，用滚子均匀涂刷。面层涂覆时，可多刷一遍或几遍，直至达到设计规定的厚度。

（4）收头处理

1）收头的涂膜均应用密封材料压边封固，压边宽度不得小于 10mm。

2）此处的胎体增强材料要求裁剪整齐，如有凹槽应压入凹槽，不得出现翘边、皱折、露白等缺陷。

3）泛水处宜直接涂布至女儿墙的压顶下，压顶上部也要做防水处理，避免泛水处或压顶的抹灰层开裂而使屋面渗漏。

4）APP 高聚物改性沥青防水卷材的铺贴。

（5）做保护层

1）涂膜防水作为屋面面层时，一般不宜采用着色剂类保护层，应铺面砖等刚性保护层。

2）保护层的涂膜应在涂布最后一遍防水涂料时进行。

3）在水乳型防水涂料层上撒布细砂等粒料时，撒布后要立即滚压，这样才能够使保护层与涂膜黏结牢固。

4）当采用浅色涂料做保护层时，要在涂膜干燥或固化之后进行涂布。

第三节 刚性防水屋面

用刚性材料做成刚性防水层的屋面称为刚性防水屋面。

与卷材防水屋面、涂膜防水屋面相比，刚性防水屋面所用材料价格便宜、耐久性好、维修方便，但刚性防水层材料的表观密度大、抗拉强度低、极限拉应变小，易受混凝土或砂浆的干湿变形、温度变形与结构变形的影响而产生裂缝。所以，刚性防水屋面主要适用于防水等级为Ⅲ级的屋面防水，也可用作Ⅰ、Ⅱ级屋面多道防水设防中的一道防水层；不适用于设有松散保温层的屋面、大跨度和轻型屋盖的屋面，以及受震动或冲击的建筑屋面。而且，刚性防水层的节点部位应与柔性材料复合使用，这样才能保证防水的可靠性。

1. 细石混凝土刚性防水层施工

细石混凝土防水层适用于无保温层的装配或整体浇筑的钢筋混凝土屋盖。

（1）清理基层

做刚性防水屋面的基层时，为现浇钢筋混凝土屋盖，它的强度及钢筋的规格、数量、位置应符合要求，混凝土结构的施工质量需达到检验评定标准。钢筋混凝土屋盖要有足够的刚度且挠曲变形在允许的范围之内。同时结构表面无较大的裂缝出现，上表面应平整、干净，排水坡度应符合相关设计要求。

（2）板缝处理

浇灌板缝细石混凝土之前，要清理干净板缝，将其浇水充分湿润，并用强度等级不超过C20的细石混凝土灌缝，并插捣密实。采用木板条（或小角钢）吊支底模，以防止板缝漏浆。将微膨胀剂掺入灌缝的细石混凝土中，以确保灌缝的混凝土与缝壁连接紧密同时可以提高结构层的整体刚度。

（3）隔离层施工

在细石混凝土防水层与结构层之间必须加设隔离层，用以减少结构变形、温差变形对防水层的影响。隔离层的施工方法虽有多种，但要起到隔离作用，这与操作工艺密切相关。隔离层的施工应注意以下几点。

1）隔离层施工要在水泥砂浆找平层养护1～2天后，即当表面有一定强度、能上人操作时进行。

2）石灰黏土砂浆是一种低强度材料，配合比为石灰膏∶砂∶黏土＝1∶2.4∶3.6。先将基层洒水湿润，且不可积水，然后铺抹厚10～20mm的石灰黏土砂浆，抹平压光后充分养护，等砂浆基本干燥、手压无痕后，才可进行下道工序，石灰砂浆配合比一般为石灰膏∶砂＝1∶4。

3）细砂隔离层厚度宜控制在10mm以内。要注意铺开刮平，并拍打或辊压密实。在其上面还要平铺一层卷材或铺抹纸筋灰、石灰砂浆等。若在砂垫层上置接浇捣混凝土，砂土易嵌入混凝土中，影响隔离效果。操作时，一般采取退铺法，即铺一段细砂后，再立即铺抹灰浆（灰浆厚度为10～20mm）。上灰时要用铁锹轻轻铲放，铺时平压平抹，不得横推砂子，以免砂子推动成堆。铺抹砂浆后若表面干燥过快，收缩裂缝过大时，要及时洒水并再次压光。

4）纸筋灰或麻刀灰隔离层要在防水层施工前1～2天进行，厚度为

5～7mm。要求将纸筋灰或麻刀灰均匀地抹在找平层上，抹平压光。在基本干燥后，应立即进行防水层施工，以免因隔离层遇水而被冲走。

5）还可采取干铺油毡的做法。施工时，直接铺放油毡在找平层上，卷材间接缝要用沥青黏结，表面上要涂刷两道石灰水和一道掺加10%水泥的石灰浆。若不刷浆，在夏季高温时卷材易发软，使沥青浸入防水底面粘牢而失去隔离效果。另外，也可采用塑料布作为隔离层材料，其实践效果也是十分理想的。

（4）分格缝设置

应将细石混凝土防水层分格缝的位置设在屋面转折处、面板的支撑端、屋面与突出屋面结构的交接处，且要与屋面结构层的板缝对齐。这是为了防止因温差影响而致使混凝土干缩、结构变形等因素造成的防水层裂缝，将其集中到分格缝中，防止防水层板面开裂。基于工业建筑柱网以6m为模数，且民用建筑开间大多数也不小于6m，故分格缝间距不应大于6m。处理分格缝的方法：缝宽宜为20～40mm，缝中应嵌填背衬材料，缝内要嵌填密封材料，上铺贴防水卷材，如图4-9、图4-10所示。

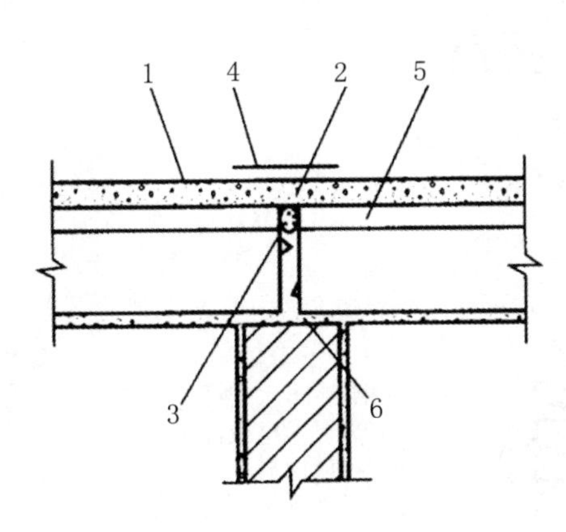

图4-9 分格缝的构造（一）

1—刚性防水层；2—密封材料；3—背衬材料；4—防水卷材；5—隔离层；6—细石混凝土

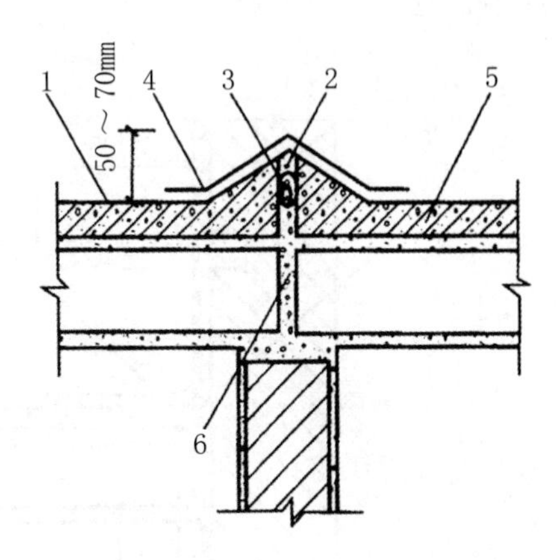

图4-10 分格缝的构造（二）

1—刚性防水层；2—密封材料；3—背衬材料；4—防水卷材；5—隔离层；6—细石混凝土

（5）细部做法

1）细石混凝土防水层与天沟、檐沟的交接处要留有凹槽，且要用密封材料封严，如图 4-11 所示。

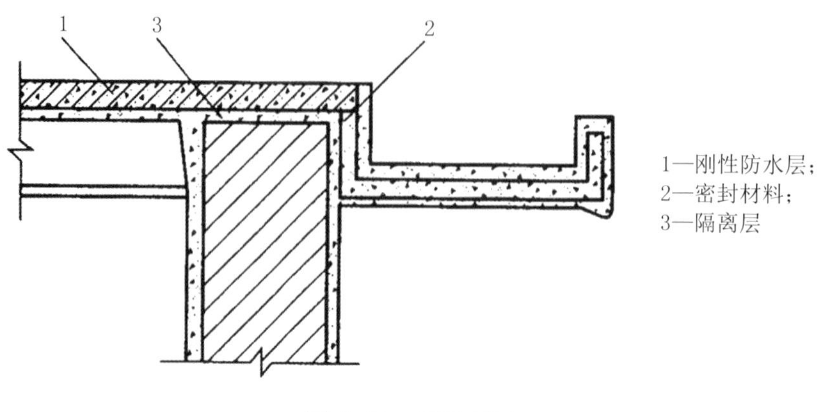

图 4-11 檐沟滴水

2）刚性防水层与山墙、女儿墙交接处应留有宽 30mm 的缝隙，并用密封材料封严；泛水处应铺设卷材或涂膜附加层，涂膜采用多遍涂刷，且收头至压顶下，如图 4-12 所示。

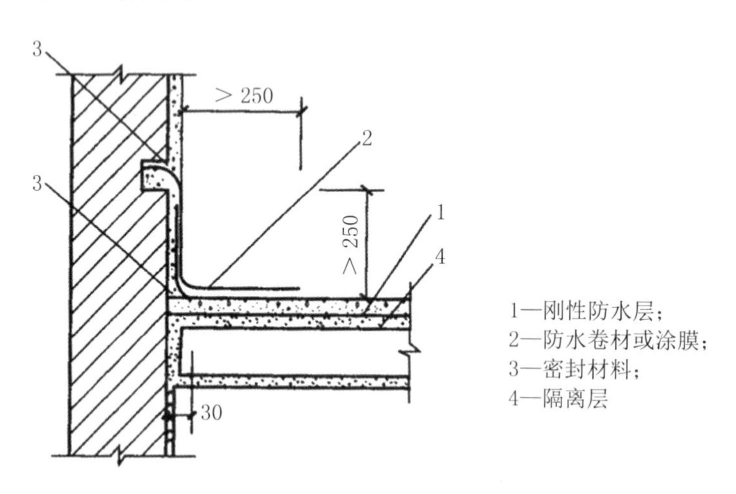

图 4-12 泛水构造（单位：mm）

3）刚性防水层与变形缝两侧墙体交接处应留有宽 30mm 的缝隙，并用密封材料封严；泛水处应铺设卷材或涂膜附加层，涂膜采用多遍涂刷，且收头至压顶下；变形缝中应填充泡沫塑料或沥青麻刀，在上面填放衬垫材料，并用卷材封盖，顶部加扣混凝土盖板或金属盖板，如图 4-13 所示。

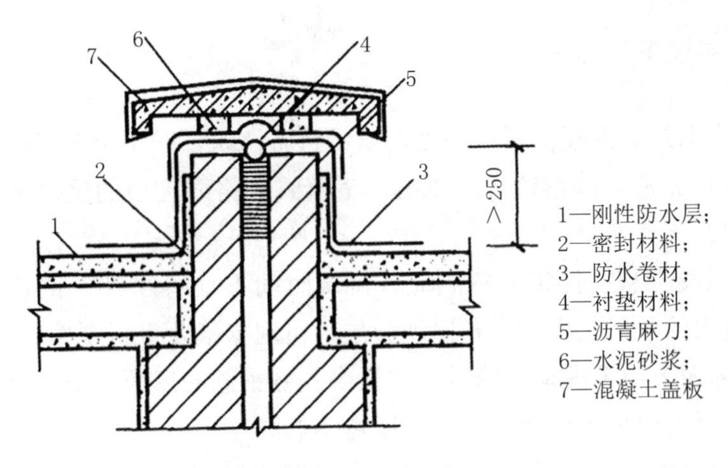

图 4-13　变形缝构造（单位：mm）

4）伸出屋面管道与刚性防水层交接处应留有缝隙，并用密封材料封严，还要加设柔性防水附加层，收头应固定密封，如图 4-14 所示。

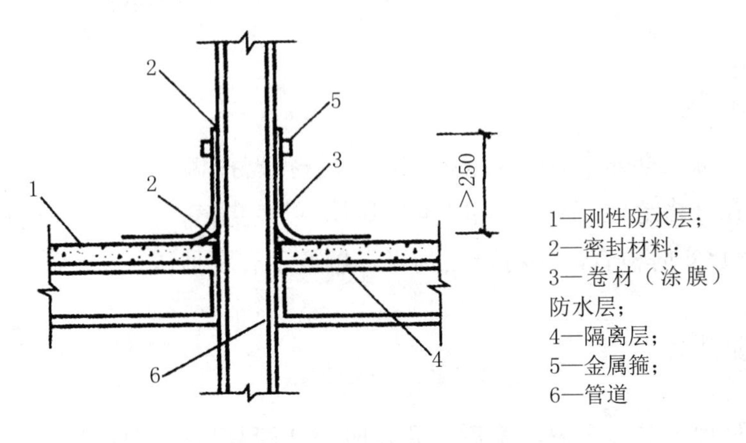

图 4-14　伸出屋面管道防水构造（单位：mm）

（6）细石混凝土制备

细石混凝土要按照防水混凝土的要求配制。若根据一般结构混凝土方法配制，易造成渗漏。一般要求每立方米混凝土水泥最小用量不应少于 330kg，灰砂比应为1:(2～2.5),含砂率为35%～40%,坍落度以3～5cm、水灰比不大于0.55为宜。采用操作工艺如机械搅拌、机械振捣来提高混凝土的密实度。

(7)细石混凝土浇筑

1)屋面细石混凝土要从高处向低处进行浇筑,在1个分格缝中的混凝土必须一次性完成,严禁留设施工缝。盖缝式分格缝上边的反口直立部分也要同时浇筑。

2)混凝土从搅拌机出料到完成浇筑时间不宜超过2h,浇筑过程中,应防止混凝土的分层、离析,若出现分层离析现象就要重新搅拌后使用。

3)屋面上用手推车运输时,在已绑扎好钢筋的屋面上不得直接行走。此时,必要时需架设运输通道,避免压弯钢筋。

4)用手推车运送混凝土时,要先将材料倒在铁板上,不得在屋面上直接倾倒混凝土,要用铁锹铺设在屋面上。

5)用浇灌斗吊运混凝土时,倾倒高度不应大于1m,不得过于集中,宜分散铺撒在屋面上。

6)混凝土下料时,要注意钢筋间距和保护层的准确性。

(8)振捣

细石混凝土防水层应尽可能采用平板振捣器振捣,以振捣至表面泛浆为基准度。在分格缝处,要两边同时推铺振捣,以避免模板变位。在浇捣过程中,要用2m靠尺实时检查,并将表面刮平,以便于表面抹压。

(9)表面处理

表面处理混凝土振捣泛浆后,要及时用2m刮尺将表面刮平,然后用铁抹子抹平压实,确保表面平整,且达到排水要求。抹压时,如遇提浆有困难,就表明水泥用量过少或搅拌不均匀、振捣不够,此时要调整配合比或检查施工办法。严禁任意洒水、加铺水泥砂浆或撒干水泥进行压光。原因是这样做只能使混凝土表面产生一层浮浆,其硬化后内部与表面的强度很不一致,极易出现面层的收缩龟裂、脱皮现象,防水层的防水效果便会降低。当混凝土初凝后,要取出分格缝的模板,并及时修补分格缝的缺损部分,使之平直、光滑；此时面层要用铁抹子进行第二次压光。必要时，待混凝土终凝前还要进行第三次压光。压光时应依次进行，不留抹痕。这样可以保证防水层表面的密实度，可以封闭毛细孔，提高抗渗性。

（10）养护

细石混凝土防水性能好坏，主要取决于养护质量。混凝土浇筑后，防水混凝土由于早期脱水，会干缩而引起混凝土内部裂缝，使其抗渗性大幅度降低。为了避免混凝土早期裂缝，故应在 12 ～ 24h 后立即养护，养护时间不小于 14 天。养护方法可采取淋水，覆盖锯末、砂、草帘，涂刷养护剂，也可覆盖塑料薄膜等，使之保持潮湿。若条件允许可采用蓄水养护，即在檐口等低处围堵一定高度的黏土、低筋灰或低强度等级砂浆，或围堵黏土砌的砖墙等，灌 40 ～ 50mm 深水来进行养护。混凝土养护初期，强度低，应严禁上人踩踏，以防止防水层受到损坏。

（11）分格缝嵌填

防水层混凝土养护后，即可做嵌填分格缝的密封等后续工作。盖缝式分格缝还要盖瓦，盖瓦应从下而上进行，用混合砂浆单边坐浆，檐口处伸出不小于 30mm，每片瓦搭接尺寸不小于 30mm。盖瓦时切忌双边坐浆或满坐浆，以避免盖瓦黏结过牢，防水层热胀冷缩时拉裂盖瓦。

2. 钢纤维混凝土防水层施工

钢纤维混凝土防水屋面具有良好的抗裂性能，可防止混凝土防水层开裂，屋面的整体防水性能得到提高；其具有较好的极限抗拉强度，有助于适应屋面结构变形的要求；其与预应力混凝土防水屋面相比，施工较简单，不需要很多的施工设备。

1）钢纤维混凝土的砂率宜为 40% ～ 50%；水灰比宜为 0.45 ～ 0.50；混凝土中的钢纤维体积率宜为 0.8% ～ 1.2%；每立方米混凝土的水泥和掺和料用量

宜为 360 ～ 400kg。

2）钢纤维混凝土宜采用普通硅酸盐水泥或硅酸盐水泥。其中细骨料宜采用中粗砂；粗骨料的最大粒径宜为 15mm，且不大于钢纤维长度的 2/3。

3）钢纤维的长度宜为 25 ～ 50mm，长径比宜为 40 ～ 100，直径宜为 0.3 ～ 0.8mm。其表面不得有妨碍钢纤维与水泥浆黏结的杂质，且钢纤维内的粘连团片、表面锈蚀及杂质等不应超过钢纤维质量的 1%。

4）钢纤维混凝土的配合比要经试验确定，其称量偏差不得超过表 4-6 规定。

钢纤维混凝土配合比称量偏差 表 4-6

项目名称	偏差值	项目名称	偏差值
钢纤维	±2%	水泥或掺和料	±2%
粗、细骨料	±3%	水	±2%
外加剂	±2%		

5）钢纤维混凝土的搅拌宜采用强制式搅拌机，当钢纤维体积率较高或拌和物稠度较大时，一次搅拌量不宜大于额定搅拌量的 80%。宜先将钢纤维、水泥、粗细骨料干拌 1.5min，再加入水湿拌，或是采用在混合料拌合过程中加入钢纤维拌合的方法。搅拌时间应比普通混凝土延长 1 ～ 2min。

6）钢纤维混凝土拌合物要求拌合均匀，颜色一致，不得出现离析、泌水、钢纤维结团现象。

7）钢纤维混凝土拌合物从搅拌机卸出到浇筑完毕的时间间隔不宜超过 30min；运输中要尽量避免拌合物离析，若产生离析或坍落度损失，严禁直接加水搅拌，可加入原水灰比的水泥浆进行二次搅拌。

8）钢纤维混凝土浇筑时，要确保钢纤维分布的均匀性和连续性，并用机械振捣密实。每个分格板块的混凝土要一次性浇筑完成，不可留施工缝。

9）钢纤维混凝土振捣后，要先将混凝土表面抹平，待收水后再二次压光，混凝土表面不得有钢纤维露出。

10）钢纤维混凝土防水层应设有分格缝，分格缝纵横间距不宜大于 10m，其内要用密封材料嵌填密实。

11）钢纤维混凝土防水层的养护时间不宜少于 14 天，且在养护初期屋面不得上人。

第四节 瓦屋面防水工程

瓦屋面防水是我国传统的屋面防水技术，它采取以排为主的防水手段，在10%～50%的屋面坡度下，将雨水迅速排走，并采用具有一定防水能力的瓦片搭接进行防水。瓦屋面的种类很多，常用的有平瓦屋面、油毡瓦屋面、金属板材屋面等几种。

1. 平瓦屋面施工

(1) 钉挂瓦条

挂瓦条的截面一般为30mm×30mm，其长度不小于3根椽条的间距，施工时，其具体要求如下。

1）在顺水条上拉通线钉挂瓦条时，应根据瓦的尺寸和屋面坡面的长度经计算确定其间距，黏土平瓦一般间距为280～330mm。

2）檐口第一根挂瓦条，要确保瓦头出檐（或出封檐板外）50～70mm，上下排平瓦的瓦头和瓦尾的搭扣长度要在50～70mm；屋脊处两个坡面上最上面两根挂瓦条，要确保挂瓦后两个瓦尾的间距在搭盖脊瓦时，脊瓦搭接瓦尾的每边宽度不少于40mm。

3）挂瓦条要求平直，上棱成一直线，接头在椽条上，牢固钉置，不得漏钉，接头要错开，在同一椽条上不得有3个接头。钉置檐口条或封檐板时，应比挂瓦条高20～30mm，以确保檐口第一块瓦的平直。一般钉挂瓦条是从檐口开始逐步向上至屋脊，钉置时，挂瓦条的间距尺寸要随时检查，要求挂瓦条间距一致。

4）对于现浇钢筋混凝土屋面板基层，在基层找坡找平之后，可以挂瓦条间距弹出挂瓦条位置线，按照500mm的间距打1.5in（1in = 0.0254m）水泥钉，用ϕ4mm钢筋与水泥钉绑扎，再嵌引条抹1:2.5水泥砂浆（加108胶）做出挂瓦条，挂瓦条要每1.5m留出30mm缝隙，以防止其胀缩。现浇钢筋混凝土屋面板基层及砂浆刮瓦条宜涂刷上一层防水涂料或批抹一道防水净浆，用来提高屋面的防水能力。

(2) 挂瓦施工

1）铺瓦之前要选瓦。不得使用缺边、掉角、裂缝、有砂眼、翘曲不平、张口缺爪的瓦。经过铺瓦预排，山墙或天沟处如有半瓦，应预先锯好。

2）上瓦要自上而下并两坡同时对称上，严禁单坡上瓦，以防止屋架受力不均导致变形。挂瓦宜采取“一步九块瓦”方法，即上瓦时九块平瓦整齐捆成一摞，位置应相互交错摆，均匀平稳地放在屋面上。

3）挂瓦需从两坡的檐口同时对称开始。每坡屋面由左侧山头向右侧山头推进。屋面端头要用半瓦错缝。注意瓦要与挂瓦条挂牢，瓦爪与瓦槽要搭接紧密，并确保搭接长度。檐口瓦需用镀锌铁丝固定拴牢于檐口挂瓦条上。当屋面坡度大于50%，且处于大风和地震地区时，每片瓦均需用镀锌铁丝固定拴牢于挂瓦条上。瓦搭接要尽量避开主导风向，以防漏水。檐口要铺成一直线，瓦头挑出檐口长度50～70mm。天沟处的瓦要按照宽度及斜度弹线锯料，沟边瓦按设计规定伸入天沟内50～70mm。靠近屋脊瓦处的第一排瓦应用水泥石灰砂浆固定。但切忌灰浆突出瓦外，用以防止此处渗漏。整坡瓦面应平整、行列横平竖直、无翘角和张口现象。

4）要在平瓦挂完后将脊瓦拉线铺放。接口要顺着主导风向。扣脊瓦要用1:2.5石灰麻刀砂浆铺坐平实，其搭接缝要用水泥石灰砂浆嵌填，保证缝口平直、砂浆严密。铺好的屋脊斜脊要求表观平直、无起伏现象。

5）在泥背或钢筋混凝土基层上铺放平瓦时，前后坡应自下而上同时对称、分两层分别铺抹，待第一层干燥后再抹铺第二层，并随抹随铺。

6）平瓦屋面的横、竖缝，一般不可用砂浆封堵。若要封缝时，封堵砂浆不应露出缝口之外，可将砂浆嵌入瓦下，避免砂浆干缩开裂后，渗水漏水。

7）挂瓦时，应避免操作人员在瓦上行走。若需行走时，要踩在瓦的端头，确保瓦不被踩断。挂瓦过程中如发现坏瓦，要及时剔除更换。

(3) 檐口瓦的安装

在安装檐口瓦时，可用钢钉将30mm×40mm的木枋顺山檐边钉牢后再安装。安装之前，应从屋脊拉线到檐口，以确保安装好的檐口瓦成一条直线。安装时，要注意从山檐下端第一片檐口瓦封头瓦开始，每片檐口瓦要和上排主瓦平齐铺设，铺瓦砂浆要求饱满卧实，并用钢钉将檐口瓦与木枋钉牢，一直铺到山檐顶端。

（4）脊瓦的安装

在安装脊瓦时，对于斜脊应由斜脊封头瓦开始，瓦应自下向上搭接铺至正脊，然后用脊瓦铺正屋脊；对于正屋脊由大封头瓦开始，可用锥脊瓦（或圆脊瓦）搭接铺至末端，用小封头瓦收口（当用圆脊时两端均用圆脊封头）。安装的所有脊瓦必须拉线铺设，铺设时要求砂浆饱满、勾缝平顺，随装随抹干净，确保瓦面整洁。

（5）排水沟瓦的安装

安装排水沟瓦时，要先确定排水沟的宽度，然后在排水沟瓦位置处弹线，并用电动圆锯切割瓦片，同时铺设排水沟瓦。铺设时用砂浆将瓦片底部空隙全部封实抹平，用以防止鸟类筑巢。

天沟、檐沟的防水处理可依照平屋面的防水做法进行防水设防。至于天沟、檐沟的防水层采用何种材料与形式，需根据工程综合条件来确定，可以采用合成高分子防水卷材、高聚物改性沥青防水卷材、金属板材或塑料板材等材料来铺设，也可采用防水涂料等来做防水处理。

2. 油毡瓦屋面施工

（1）油毡瓦铺设

油毡瓦是一种轻而薄的片状材料，瓦片之间相互搭接点粘。为了防止因大风将油毡瓦掀起，必须将油毡瓦紧贴基层，以使瓦面平整。其施工具体要求如下。

1）施工前，要先清除基层表面的杂物、灰尘，确保屋面平整，基层应平整且具有足够的强度，表面无起砂、起皮等缺陷。

2）无论是在木基层上，还是在混凝土基层上，都要先铺一层沥青防水卷材垫毡，然后从檐口往上铺钉。

当油毡瓦铺设是在木基层上时，可用油毡钉固定；当油毡瓦铺设是在混凝土基层上时，可用射钉与冷玛蹄脂黏结固定。

3）用油毡钉铺钉时，钉帽要盖在垫毡下面，垫毡搭接宽度不应小于50mm，并应顺水接茬。铺设方法如图 4-15 所示。

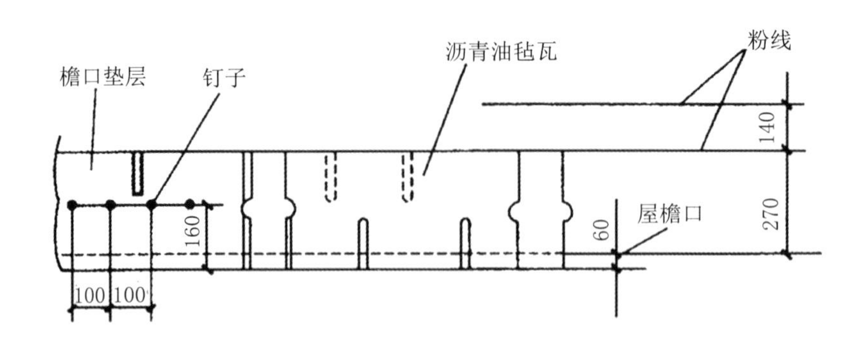

图 4-15 铺设檐口垫层的施工方法（单位：mm）

4）铺设油毡瓦应自檐口向上（屋脊），应按照层层搭盖的方法进行铺钉，以防止瓦片错动或因爬水而引起渗漏。第一层瓦要与檐口平行，切槽必须向上指向屋脊，然后用油毡钉固定。第二层油毡瓦要与第一层叠合，但切槽方向向下指向檐口。第三层油毡瓦要压在第二层上，并露出切槽 125mm。油毡瓦之间的对缝，上下层不能重合。

5）每片油毡瓦不要少于 4 个钉，当屋面坡度大于 150% 时，需要增加油毡钉来固定，钉法如图 4-16 所示。

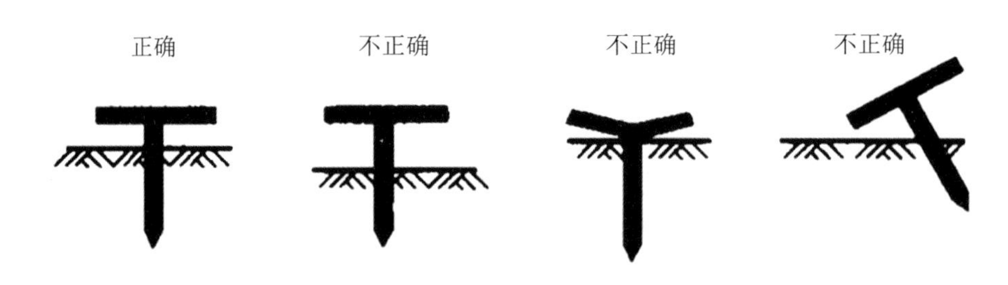

图 4-16 钉法示意

6）铺设脊瓦时，沿切槽剪开将油毡瓦分成 4 块作为脊瓦，并用 2 个油毡钉来固定。脊瓦应顺着年最大频率风向搭接，同时要搭盖住两坡油毡瓦接缝的 1/3。脊瓦与脊瓦的压盖面不能低于脊瓦面积的 1/2。屋面与突出屋面结构的交接处，油毡瓦应铺贴至立面上，其高度不应低于 250mm。

(2)排水沟施工

1)排水沟施工时，应先铺设1～2层卷材作为附加防水层，再在上面铺设油毡瓦。油毡瓦应相互覆盖着“编织”。

2)若是暴露的屋面排水沟处，沿屋面排水沟从下向上铺一层宽为500mm的防水卷材，在卷材两边相距25mm处钉钉子来固定。要在屋檐口处切齐防水卷材。

3)当需要纵向搭接时，上下两层的搭接宽度不应少于200mm，并宜在搭接处涂刷橡胶沥青冷胶粘剂。油毡瓦在卷材上用钉子固定，一层一层由下向上安装。

4)另外一种搭接式排水沟处理方法，即油毡瓦相互衔接。先是铺卷材，随后在排水沟中心线两侧150mm处分别弹2条线，铺油毡瓦首先铺主部位，且每一层都要铺过屋面排水沟中心线300mm，钉子钉在线外侧25mm处，主屋面完成后再铺辅助部位。

(3)屋面与突出屋面结构连接处施工

屋面与突出屋面结构的连接处是防水的关键，要有可靠的防水施工措施。对于屋面与突出屋面的烟囱、管道、出气孔、出入口等阴阳角的连接处，要首先做二毡三油垫层，再将油毡瓦铺贴于立面，高度不应小于250mm。待铺瓦后，再用高聚物改性沥青防水卷材做单层防水处理，以加强此处的防水措施。

在女儿墙泛水处，可沿基层与女儿墙的八字坡铺贴油毡瓦，再用镀锌薄钢板覆盖，钉入墙内预埋木砖上或用射钉固定。油毡瓦和镀锌薄钢板的泛水上口与墙间的缝隙需用密封材料封严。

第五节 隔热屋面工程

隔热屋面主要用于我国南方炎热地区，主要用来降低屋面热量对室内的影响。隔热屋面按隔热方式可分为三种类型，即架空屋面、蓄水屋面和种植屋面。

1. 架空屋面施工

(1)钉挂瓦条

1）架空隔热层施工时，首先要将屋面清扫干净，并按照设计和规范要求进行弹线分格，做好隔热板的平面布置。

2）分格时，进风口宜设置在炎热季节最大频率风向的正压区，出风口宜设置在负压区。当屋面宽度大于 10m 时，应设在通风屋脊。隔热板应按设计要求设置分格缝，若设计未要求分格方法可按照防水保护层的分格或以不大于 12m 为原则进行。

3）砖墩砌筑时，除应满足施工规范要求外，灰缝还要做到饱满、平滑。及时清理落地灰及砖碴。如基层为软质基层（如涂膜、卷材等）时，必须加强对砖墩或板脚处的防水处理，一般情况下，用与防水层相同的材料加做一层。

①砖墩处以突出砖墩周边 150 ～ 200mm 为宜。

②板脚处以不小于 150mm×150mm 的方形为宜。

4）坐砌隔热板时，坐浆要饱满，并且对所生成的灰渣应随砌随清理。另外，还需横向拉线或用靠尺控制板缝的顺直和板面的坡度。板面要求平整、稳固。缝隙宜采用水泥砂浆或水泥混合砂浆嵌填，并按设计要求留变形缝。

5）隔热板坐砌完工后，需进行 1 ～ 2 天的养护。待砂浆强度可以上人时，再进行表面勾缝。

2. 蓄水屋面施工

蓄水屋面防水层的防水方案宜注重刚柔结合，柔性防水层应采用耐腐蚀、耐霉烂、耐穿刺好的涂料或卷材。施工时，有以下几点要求。

1）防水层施工前，必须铲除基层表面的突起物，并清扫干净尘土杂物，基层保持干燥。

2）屋面的所有孔洞必须之前预留，不得后凿。如施工前安装好给水管、排水管、溢水管等，不得在防水层施工后再在其上凿孔打洞。完工后，再连接排水管与水落管，最后加防水处理。

3）屋面结构层若为装配式钢筋混凝土面板，其板缝应以强度等级不超过C20细石混凝土嵌填，并且细石混凝土中宜掺膨胀剂。接缝必须以优质密封材料嵌封严密，经充水试验检测无渗漏，再在其上施工找平层和防水层。

4）当蓄水屋面采用刚柔复合防水时，应首先施工柔性防水层，然后做隔离层，最后浇筑细石混凝土刚性保护层。在柔性防水层与刚性防水层或刚性保护层之间应设置隔离层。

5）浇筑防水混凝土时，每个蓄水区必须一次浇筑完毕。不可留置施工缝，其立面与平面的防水层要同时进行。分仓缝填嵌密封材料后，上面应做砂浆保护层埋置进行保护。

6）防水混凝土必须使用机械搅拌、机械振捣、随捣随抹，抹压时注意不得洒水、撒干水泥或水泥浆。混凝土收水之后要进行二次压光及养护，不得使其干燥。养护时间不得少于14天。

第六节 屋面防水常见的质量问题及防治方法

1. 架空屋面施工

卷材防水屋面常见质量通病有开裂（图4-17）、鼓泡（图4-18）、流淌、渗漏、破损、积水、防水层剥离等。

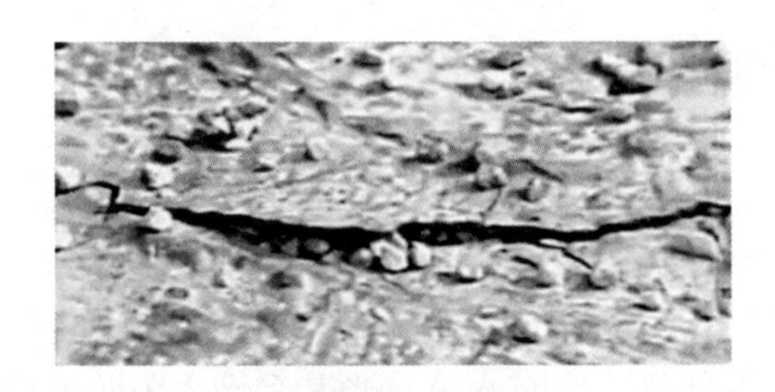

图4-17 开裂

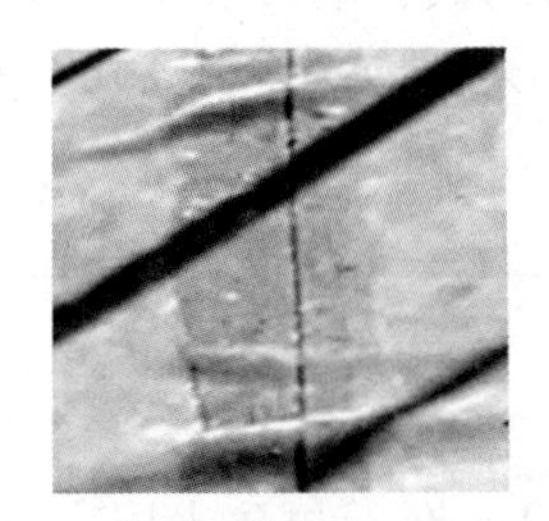

图4-18 鼓泡

（1）屋面开裂

1）产生有规则横向裂缝主要是由于温差变形，使屋面结构层产生胀缩，引起板端角变造成的。这种裂缝多数发生在延伸率较低的沥青防水卷材中。

防治方法：

①在应力集中、基层变形较大的部位（如屋面板拼缝处等），先干铺一层卷材条作为缓冲层，使卷材能适应基层伸缩的变化。

②在重要工程上，宜选用延伸率较大的高聚物改性沥青卷材或合成高分子防水卷材。

③选用合格的卷材，腐朽、变质者应剔除不用。

2）产生不规则裂缝主要是由水泥砂浆找平层不规则开裂造成的；此时找平层的裂缝，与卷材开裂的位置与大小相对应；另外，如找平层分格缝位置不当或处理不好，也会使卷材无规则裂缝。

防治方法：

①确保找平层的配比计量、搅拌、振捣或辊压、抹光与养护等工序的质量，而洒水养护的时间不宜少于 7d，并视水泥品种而定。

②找平层宜留分格缝，缝宽一般为 20mm，缝口设在预制板的拼缝处。当采用水泥砂浆或细石混凝土材料时，分格缝间距不宜大于 6m；采用沥青砂浆材料时，不宜大于 4m。

③卷材铺贴与找平层的相隔时间宜控制在 7 ～ 10d 以上。

3）外露单层的合成高分子防水卷材屋面中，如基层比较潮湿，且采用满粘法铺贴工艺或胶粘剂剥离强度过高时，在卷材搭接缝处也易产生断续裂缝。

防治方法：

①卷材铺贴时，基层应达到平整、清洁、干燥的质量要求。如基层干燥有困难时，宜采用排汽屋面技术措施。另外，与合成高分子防水卷材配套的胶粘剂的剥离强度不宜过高。

②卷材搭接缝宽度应符合屋面规范要求。卷材铺贴后，不得有粘结不牢或翘边等缺陷。

（2）卷材鼓泡（起鼓）

1）在卷材防水层中粘结不实的部位，窝有水分，当其受到太阳照射或人工热源影响后，内部体积膨胀，造成起鼓，形成大小不等的鼓泡。卷材起鼓一般在施工后不久产生，鼓泡由小到大逐渐发展，小的直径约数十毫米，大的可达 200 ～ 300mm。鼓泡内呈蜂窝状，内部有冷凝水珠。

防治方法：

①找平层应平整、清洁、干燥，基层处理剂应涂刷均匀，这是防止卷材起鼓的主要技术措施。

②原材料在运输和贮存过程中，应避免水分侵入，尤其要防止卷材受潮。卷材铺贴应先高后低，先远后近，分区段流水施工，并注意掌握天气预报，连续作业，一气呵成。

③不得在雨天、大雾、大风天施工，防止基层受潮。

④当屋面基层干燥有困难，而又急需铺贴卷材时，可采用排汽屋面做法；但在外露单层的防水卷材中，则不宜采用。

2）在卷材防水层施工中，由于铺贴时压实不紧，残留的空气未全部赶出而形成鼓泡。

防治方法：

①沥青防水卷材施工前，应先将卷材表面清刷干净，铺贴卷材时，玛蹄脂应涂刷均匀，并认真做好压实工作，以增强卷材与基层、卷材与卷材层之间的粘结力。

②高聚物改性沥青防水卷材施工时，火焰加热要均匀、充分、适度；在铺贴时要趁热向前推滚，并用压辊滚压，排除卷材下面的残留空气。

3）合成高分子防水卷材施工时，胶粘剂未充分干燥就急于铺贴卷材，由于溶剂残留在卷材内部，当其挥发时就可形成鼓泡。

防治方法：

合成高分子防水卷材采用冷粘法铺贴时，涂刷胶粘剂应做到均匀一致，待胶粘剂手感（指触）不黏时，才能铺贴并压实卷材。特别要防止胶粘剂堆积过厚，干燥不足而造成卷材的起鼓。

（3）屋面流淌

1）多数发生在沥青防水卷材屋面上，主要原因是沥青玛蹄脂耐热度偏低。此时严重流淌的屋面，卷材大多折皱成团，垂直面卷材拉开脱空，卷材横向搭接有严重错动。

防治方法：

①沥青玛蹄脂的耐热度必须经过严格检验，其标号应按规范选用。垂直面用的耐热度还应提高 5 ～ 10 号。

②对于重要屋面防水工程，宜选用耐热性能较好的高聚物改性沥青防水卷材或合成高分子防水卷材。

③在沥青卷材防水屋面上，还可增加刚性保护层。

2）卷材屋面施工时，沥青玛蹄脂铺贴过厚。

防治方法：

每层沥青玛蹄脂厚度必须控制在 1 ～ 1.5mm，确保卷材粘结牢固，长短边搭接宽度应符合规范要求。

3）屋面坡度大于 15% 或屋面受震动时，沥青防水卷材错误采用平行屋脊方向铺贴；而采用垂直屋脊方向铺贴卷材，在半坡进行短边搭接。

防治方法：

①根据屋面坡度和有关条件，选择与卷材品种相适应的铺设方向，以及合理的卷材搭接方法。

②垂直面上，在铺贴完沥青防水卷材后，可铺筑细石混凝土作为保护层；这对立铺卷材的流淌和滑坡有一定的阻止作用。

（4）山墙、女儿墙推裂与渗漏

1）结构层与女儿墙、山墙间未留空隙或嵌填松软材料，屋面结构在高温季节曝晒时，屋面结构膨胀产生推力，致使女儿墙、山墙出现横向裂缝，并使女儿墙、山墙向外位移，从而出现渗漏。

防治方法：

屋面结构层与女儿墙、山墙间应留出大于 20mm 的空隙，并用低强度等级砂浆填塞找平。

2）刚性防水层、刚性保护层、架空隔热板与女儿墙、山墙间未留空隙，受温度变形推裂女儿墙、山墙，并导致渗漏。

防治方法：

刚性防水层与女儿墙、山墙间应留温度分格缝；刚性保护层和架空隔热板应距女儿墙、山墙至少 50mm，或嵌填松散材料、密封材料。

3）女儿墙、山墙的压顶如采用水泥砂浆抹面，由于温差和干缩变形，使压顶出现横向开裂，有时往往贯通，从而引起渗漏。

防治方法：

为避免开裂，水泥砂浆找平层水灰比要小，并宜掺微膨胀剂；同时卷材收头可直接铺压在女儿墙的压顶下，而压顶应做防水处理。

（5）天沟漏水

1）天沟纵向找坡太小（如小于5‰），甚至有倒坡现象（雨水斗高于天沟面）；天沟堵塞，排水不畅。

防治方法：

天沟应按设计要求拉线找坡，纵向坡度不得小于5‰，在水落口周围直径500mm范围内不应小于5%，并应用防水涂料或密封材料涂封，其厚度不应小于2mm。水落口杯与基层接触处应留20mm×20mm凹槽，嵌填密封材料。

2）水落口杯（短管）没有紧贴基层。

防治方法：

水落口杯应比天沟周围低20mm，安放时应紧贴于基层上，便于上部做附加防水层。

3）水落口四周卷材粘贴不密实，密封不严，或附加防水层标准太低。

防治方法：

水落口杯与基层接触部位，除用密封材料封严外，还应按设计要求增加涂膜道数或卷材附加层数。施工后应及时加设雨水罩予以保护，防止建筑垃圾及树叶等杂物堵塞。

（6）檐口、檐头

檐口泛水处卷材与基层粘结不牢；檐口处收头密封不严。

防治方法：

①铺贴泛水处的卷材应采取满粘法工艺，确保卷材与基层粘结牢固。如基层潮湿又急需施工时，则宜用“喷火”法进行烘烤，及时将基层中多余潮气予以排除。

②枪口处卷材密封固定的方法有两种：当为砖砌女儿墙时，卷材收头可直接铺压在女儿墙的压顶下，压顶应做防水处理；也可在砖墙上留凹槽，卷材收头压入槽内固定密封，凹槽距基层最低高度不应小于250mm，同时凹槽

的上部也应做防水处理。另一种是混凝土女儿墙，此时卷材收头可用金属压条钉压，并用密封材料封固。

(7) 卷材破损

1）基层清扫不干净，残留砂粒或小石子。

防治方法：

卷材防水层施工前应进行多次清扫，铺贴卷材前还应检查有否残存砂、石粒屑，遇五级以上大风应停止施工，防止脚手架上或上一层建筑物上刮下的灰砂。

2）施工人员穿硬底鞋或带铁钉的鞋子。

防治方法：

施工人员必须穿软底鞋，无关人员不准在铺好的防水层上任意行走踩踏。

3）在防水层上做保护层时，运输小车（手推车）直接将砂浆或混凝土材料倾倒在防水层上。

防治方法：

在防水层上做保护层时，运输材料的手推车必须包裹柔软的橡胶或麻布；在倾倒砂浆或混凝土材料时，其运输通道上必须铺设垫板，以防损坏卷材防水层。

4）架空隔热板屋面施工时，直接在防水层上砌筑砖墩，沥青防水卷材在高温时变形被上部重量压破。

防治方法：

在沥青卷材防水层铺砌砖墩时，应在砖墩下加垫一方块卷材，并均匀铺砌砖墩，安装隔热板。

(8) 屋面积水

1）屋面找坡不准，形成洼坑；水落口标高过高，雨水在天沟中无法排除。

防治方法：

防水层施工前，对找平层坡度应作为主要项目进行检查，遇有低洼或坡度不足时，应经修补后，才可继续施工。

2）大挑檐及中天沟反梁过水孔标高过高或过低，孔径过小，易堵塞造成长期积水。

防治方法：

水落口标高必须考虑天沟排水坡度高差，周围加大的坡度尺寸和防水层施工后的厚度因素，施工时需经测量后确定，反梁过水孔标高亦应考虑排水坡度的高度，逐个实测确定。

3）雨水管径过小，水落口排水不畅造成堵塞。

防治方法：

设计时应根据年最大雨量计算确定雨水口数量与管径，且排水距离不宜太长。同时应加强维修管理，经常清理垃圾及杂物，避免雨水口堵塞。

（9）防水层剥离

1）找平层有起皮、起砂现象，施工前有灰尘和潮气。

防治方法：

严格控制找平层表面质量，施工前应进行多次清扫，如有潮气和水分，宜用“喷火”法进行烘烤。

2）热玛蹄脂或自粘型卷材施工温度低，造成粘结不牢。

防治方法：

适当提高热玛蹄脂的加热温度。对于自粘型卷材，可在施工前对基层适当烘烤，以利于卷材与基层的粘结。

3）在屋面转角处，因卷材拉伸过紧，或因材料收缩，使防水层与基层剥离。

防治方法：

在大坡面和立面施工时，卷材一定要采取满粘法工艺，必要时还可采取压条钉压固定；另外在铺贴卷材时，要注意用手持辊筒滚压，尤其在立面和交界处更应注意，否则极易造成渗漏。

2. 屋面涂膜防水工程常见质量问题与防治

涂膜防水屋面常见质量通病有屋面渗漏、粘结不牢、防水层出现裂纹、脱皮、流淌、鼓泡等。

（1）屋面渗漏

1）屋面积水，屋面排水系统不畅。

防治方法：

主要是设计问题。屋面应有合理的分水和排水措施，所有檐口、檐沟、天沟、水落口等应有一定排水坡度，并切实做到封口严密，排水通畅。

2）设计涂层厚度不足，防水层结构不合理。

防治方法：

应按屋面规范中防水等级选择涂料品种与防水层厚度，以及相适应的屋面构造与涂层结构。

3）屋面基层结构变形较大，地基不均匀沉降引起防水层开裂。

防治方法：

除提高屋面结构整体刚度外，在保温层上必须设置细石混凝土（配筋）刚性找平层，并宜与卷材防水层复合使用，形成多道防线。

4）节点构造部位封固不严，有开缝、翘边现象。

防治方法：

主要是施工原因。坚持涂嵌结合，并在操作中务必使基面清洁、干燥，涂刷仔细，密封严实，防止脱落。

5）施工涂膜厚度不足，有露胎体、皱皮等情况。

防治方法：

防水涂料应分层、分次涂布，胎体增强材料铺设时不宜拉伸过紧，但也不得过松，能使上下涂层粘结牢固为度。

6）防水涂料含固量不足，有关物理性能达不到质量要求。

防治方法：

在防水层施工前必须抽样检查，复验合格后才可施工。

7）双组分涂料施工时，配合比与计量不正确。

防治方法：

严格按厂家提供的配合比施工，并应充分搅拌，搅拌后的涂料应及时用完。

（2）粘结不牢

1）基层表面不平整、不清洁，有起皮、起灰等现象。

防治方法：

①基层不平整如造成积水时，宜用涂料拌合水泥砂浆进行修补。

②凡有起皮、起灰等缺陷时，要及时用钢丝刷清除，并修补完好。

③防水层施工前，应及时将基层表面清扫，并洗刷干净。

2）施工时基层过分潮湿。

防治方法：

①应通过简易试验确定基层是否干燥，并选择晴朗天气进行施工。

②可选择潮湿界面处理剂、基层处理剂等方法改善涂料与基层的粘结性能。

3）涂料结膜不良。

防治方法：

①涂料变质或超过保管期限。

②涂料主剂及含固量不足。

③涂料搅拌不均匀，有颗粒、杂质残留在涂层中间。

④底层涂料未实干时，就进行后续涂层施工，使底层中水分或溶剂不能及时挥发，而双组分涂料则未能充分固化形成不了完整防水膜。

4）涂料成膜厚度不足。

防治方法：

应按设计厚度和规定的材料用量分层、分遍涂刷。

5）防水涂料施工时突遇大雨。

防治方法：

掌握天气预报，并备置防雨设施。

6）突击施工，工序之间无必要的间歇时间。

防治方法：

根据涂层厚度与当地气候条件，试验确定合理的工序间歇时间。

（3）涂膜出现裂缝、脱皮、流淌、鼓泡、露胎体、皱折等缺陷

1）基层刚度不足，抗变形能力差，找平层开裂。

防治方法：

①在保温层上必须设置细石混凝土（配筋）刚性找平层。

②提高屋面结构整体刚度，如在装配式板缝内确保灌缝密实，同时在找

平层内应按规定留设温度分格缝。

③找平层裂缝如大于0.3mm时，可先用密封材料嵌填密实，再用10～20mm宽的聚酯毡作隔离条，最后涂刮2mm厚涂料附加层。

④找平层裂缝如小于0.3mm时，也可按上述方法进行处理，但涂料附加层厚度为1mm。

2）涂料施工时温度过高，或一次涂刷过厚，或在前遍涂料未实干前即涂刷后续涂料。

防治方法：

①涂料应分层、分遍进行施工，并按事先试验的材料用量与间隔时间进行涂布。

②若夏天气温在30℃以上时，应尽量避开炎热的中午施工，最好安排在早晚（尤其是上半夜）温度较低的时刻操作。

3）基层表面有砂粒、杂物，涂料中有沉淀物质。

防治方法：

涂料施工前应将基层表面清除干净；沥青基涂料中如有沉淀物（沥青颗粒），可用32目铁丝网过滤。

4）基层表面未充分干燥，或在湿度较大的气候下操作。

防治方法：

可选择晴朗天气下操作，或可选用潮湿界面处理剂、基层处理剂等材料，抑制涂膜中鼓泡的形成。

5）基层表面不平，涂膜厚度不足，胎体增强材料铺贴不平整。

防治方法：

①基层表面局部不平，可用涂料掺入水泥砂浆中先行修补平整，待干燥后即可施工。

②铺贴胎体增强材料时，要边倒涂料，边推铺、边压实平整。铺贴最后一层胎体增强材料后，面层至少应再涂刷两遍涂料。

③铺贴胎体增强材料时，应铺贴平整，松紧有度。同时在铺贴时，应先将布幅两边每隔1.5～2.0m间距各剪一个15mm的小口。

6）涂膜流淌主要发生在耐热性较差的厚质涂料中。

防治方法：

进场前应对原材料抽检复查，不符合质量要求的坚决不用；沥青基厚质涂料及塑料油膏更应注意此类问题。

(4) 保护材料脱落

保护层材料（如蛙石粉、云母片或细砂等）未经辊压，与涂料粘结不牢。

防治方法：

①保护层材料颗粒不宜过粗，使用前应筛去杂质、泥块，必要时还应冲洗和烘干。

②在涂刷面层涂料时，应随刷随撒保护材料，然后用表面包胶皮的铁辊轻轻辗压，使材料嵌入面层涂料中。

(5) 防水层破损

涂膜防水层较薄；在施工时若保护不好，容易遭到破损。

防治方法：

①坚持按程序施工，待屋面上其他工程全部完工后，再施工涂膜防水层。

②当找平层强度不足或者酥松、塌陷等现象时，应及时返工。

③防水层施工后一周以内，严禁上人。

3. 混凝土刚性防水屋面工程常见质量问题与防治

刚性防水屋面质量通病有屋面开裂、屋面渗漏和防水层起壳、起砂等。

(1) 屋面开裂

1）因结构变形（如支座的角变）、基础不均匀沉降等引起的结构裂缝。通常发生在屋面板的接缝或大梁的位置上，一般宽度较大，并穿过防水层而上下贯通。

防治方法：

①细石混凝土刚性防水屋面应用于刚度较好的结构层上，不得用于有高温或有振动的建筑，也不适用于基础有较大不均匀下沉的建筑。

②为减少结构变形对防水层的不利影响，在防水层下必须设置隔离层，可选用石灰黏土砂浆、石灰砂浆、纸筋麻刀灰或干铺细砂、干铺卷材等材料。

2）由于大气温度、太阳辐射、雨、雪以及车间热源作用等的影响，若温度分格缝设置不合理，在施工中处理不当，都会产生温度裂缝。温度裂缝一般都是有规则的、通长的，裂缝分布与间距比较均匀。

防治方法：

①防水层必须设置分格缝，分格缝应设在装配式结构的板端、现浇整体结构的支座处、屋面转折（屋脊）处、混凝土施工缝及凸出屋面构件交接部位。分格缝纵横间距不宜大于 6m。

②混凝土防水层厚度不宜小于 40mm，内配 $\phi 4$ ～ $\phi 6$ 间距为 100 ～ 200mm 的双向钢筋网片。钢筋网片宜放置在防水层的中间或偏上，并应在分格缝处断开。

3）混凝土配合比设计不当，施工时振捣不密实，压光收光不好以及早期干燥脱水、后期养护不当等，都会产生施工裂缝。施工裂缝通常是一些不规则的、长度不等的断续裂缝，也有一些是因水泥收缩而产生的龟裂。

防治方法：

①防水层混凝土水泥用量不应少于 330kg/m^3，水灰比不宜大于 0.55，最好采用普通硅酸盐水泥。粗骨料最大粒径不应大于防水层厚度的 1/3，细骨料应用中砂或粗砂。

②混凝土防水层的厚度应均匀一致，混凝土应采用机械搅拌、机械振捣，并认真做好压实、抹平工作，收水后应及时进行二次抹光。

③应积极采用补偿收缩混凝土材料，但要准确控制膨胀剂掺量，以及各项施工技术要求。

④混凝土养护时间一般宜控制在 14d 以上，视水泥品种和气候条件而定。

（2）屋面渗漏

1）屋面结构层因结构变形不一致，容易在不同受力方向的连接处产生应力集中，造成开裂而导致渗漏。

防治方法：

①在非承重山墙与屋面板连接处，先灌以细石混凝土，然后分二次嵌填密封材料。嵌填深 30mm、宽 15 ～ 20mm。在泛水部位，再按常规做法，增加卷材或涂膜防水附加层。

②在装配式结构层中，选择屋面板荷载级别时，应以板的刚度（而不以

板的强度）作为主要依据。

2）各种构件的连接缝，因接缝尺寸大小不一，材料收缩、温度变形不一致，使填缝的混凝土脱落。

防治方法：

①为保证细石混凝土灌缝质量，板缝底部应吊木方或设置角钢作为底模，防止混凝土漏浆。同时应对接缝两侧的预制板缝，进行充分湿润，并涂刷界面处理剂，确保两者之间粘结力。

②灌缝的混凝土材料宜掺入微膨胀剂，同时加强浇水养护，提高混凝土抗变形能力。

3）防水层混凝土分格缝与结构层板缝没有对齐，或在屋面十字花篮梁上，没有在两块预制板上分别设置分格缝，因而引起裂缝而造成渗漏。

防治方法：

施工时需要将防水层分格缝和板缝对齐，且密封材料及施工质量均应符合有关规范、规程的要求。

4）女儿墙、天沟、水落口、楼梯间、烟囱及各种凸出屋面的接缝或施工缝部位，因接缝混凝土（或砂浆）嵌填不严，或施工缝处理不当，形成缝隙而渗漏。

防治方法：

女儿墙、天沟、水落口、楼梯间、烟囱及各种凸出屋面的接缝或施工缝部位，除了做好接缝处理以外，还应在泛水处做好增加防水处理，如附加卷材或涂膜防水层。泛水处增加防水的高度，迎水面一般不宜小于250mm，背水面不宜小于200mm，烟囱或通气管处不宜小于150mm。

5）在嵌填密封材料时，未将分格缝内清理干净或基面不干燥，致使密封材料与混凝土粘结不良、嵌填不实。

防治方法：

嵌填密封材料的接缝，应规格整齐，无混凝土或灰浆残渣及垃圾等杂物，并要用压力水冲洗干净。施工时，接缝两侧应充分干燥（最好用喷灯烘烤），并在底部按设计要求放置背衬材料，确保密封材料嵌填密实，伸缩自如，不渗不漏。

6）密封材料质量较差，尤其是粘结性、延伸性与抗老化能力等性能指标达不到规定指标。

防治方法：

进入工地的密封材料，应进行抽样检验，发现不合格的产品，坚决剔除不用。

（3）防水层起壳、起砂

1）混凝土防水层施工质量不好，特别是不注意压实、收光和养护不良。

防治方法：

①切实做好清基、摊铺、碾压、收光、抹平和养护等工序。其中碾压工序，一般宜用石滚纵横来回滚压 4 ～ 5 遍，直至混凝土压出拉毛状的水泥浆为止，然后进行抹平。待一定时间后，再抹压第二、第三遍，务必使混凝土表面达到平整光滑。

②宜采用补偿收缩混凝土材料，但水泥用量也不宜过高，细骨料应尽可能采用中砂或粗砂。如当地无中、粗砂时，宜采用水泥石屑面层。此时配合比为 42.5 级水泥：粒径 3 ～ 6mm 石屑（或瓜米石）＝ 1:2.5，水灰比≤ 0.4。

③混凝土应避免在酷热、严寒气温下施工，也不要在风沙和雨天中施工。

2）刚性屋面长期暴露于大气中，日晒雨淋，时间一长，混凝土面层会发生碳化现象。

防治方法：

根据使用功能要求，在防水层上面可做绿化屋面、蓄水屋面等；也可做饰面保护层，或刷防水涂料（彩色或白色）予以保护。

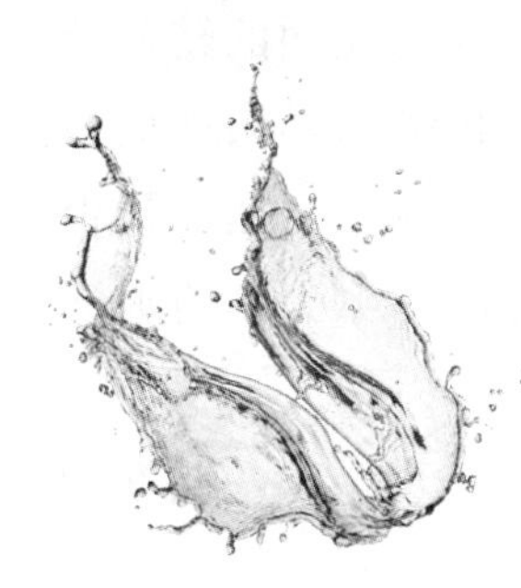

第五章 地下室防水施工

第一节　卷材防水层

1. 施工条件

1）在地下防水施工前及施工期间，应根据地下水位的高低和土质情况，采取地面排水、基础坑排水及井点降水(图 5-1)的方法。确保基础坑内不积水，保证防水工程的正常施工。

2）如果基层有渗水现象，应首先进行堵漏，可用堵漏灵或快速止水剂进行堵漏（图 5-2）。如果基层有少量渗水，可采用防水胶粉，用水调成糊状，在基层表面涂刮两道，待干燥以后进行防水卷材施工。

图 5-1　井点降水

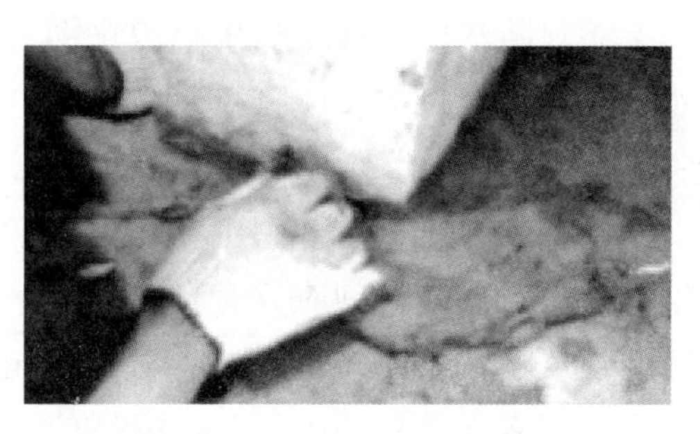

图 5-2　堵漏

3）对于基层应平整，不得有凸出的夹角和凹坑；平面与立面的转角处及阴阳角应做成圆弧或钝角；基层必须干燥，含水率不大于9%。如果基层不做找平层，卷材防水层直接铺贴在混凝土表面，必须检查混凝土表面，是否有蜂窝、麻面、孔洞（图5-3）等。如有上述情况，应用掺有107胶的水泥或胶乳水泥砂浆修补。

4）防水卷材及配套胶粘剂进场以后，应按规定取样进行检验，其性能指标应符合要求。

5）冷粘卷材防水层，应在气温不低于5℃进行施工，最佳施工温度为10℃～25℃。在防水施工过程中，应有专门单位审批的批准用火证并配有专门的消防设备（图5-4）。

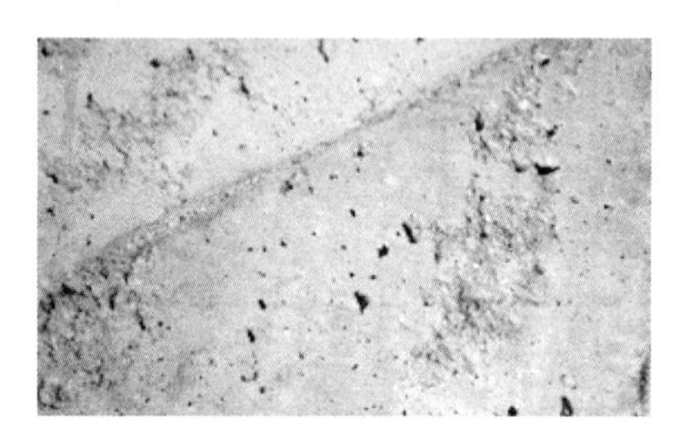

图5-3　孔洞

图5-4　消防设备

2. 卷材防水层的种类和用途

卷材防水层应选用高聚物改性沥青类和合成高分子类防水卷材，卷材防水层应铺设在混凝土主体的迎水面上；卷材防水层用在地下室时，应铺设在主体结构垫层至墙体顶端的基面上，在外围形成封闭的防水层。

卷材外观质量品种和主要物理力学性能，应符合现行国家标准或行业标准。卷材及其胶粘剂应具有良好的耐水性、耐久性、耐穿刺性、耐腐蚀性和耐菌性。卷胶粘应与粘贴的卷材材性相容，高聚物改性沥青卷材间的粘接玻璃强度不应小于8N/10mm；合成高分子卷材胶粘剂的粘接玻璃强度，不应小于15N/10mm，浸水168小时后的粘接玻璃强度保持率不应小于70%。

3. 卷材防水层施工

卷材的防水层施工，详见表 5-1。

卷材的防水层施工　　表 5-1

<table>
<tr><th>项目</th><th>图示及说明</th></tr>
<tr><td rowspan="3">施工条件</td><td>卷材防水层的基面应平整牢固，清洁干燥；铺贴卷材禁止在雨天、雪天施工；五级风及其以上时不得施工；冷粘法施工气温不宜低于 5℃；热熔法施工气温不宜低于 -10℃。
</td></tr>
<tr><td>铺贴卷材前应在基面上涂刷基层处理剂，当基面较潮湿时，应涂刷湿固化型胶粘剂或潮湿界面隔离剂。
</td></tr>
<tr><td>基层处理剂应与卷材及胶粘剂的材性相融，基层处理剂可采用喷涂法或涂刷法施工。喷涂应均匀一致、不漏底，待基层处理剂表面干燥后，铺贴卷材。
</td></tr>
</table>

续表

项目	图示及说明
施工方法	采用热熔法或冷粘法铺贴卷材时的基本要求： 底板垫层混凝土平面部位的卷材宜采用空铺法或点粘法，其他与混凝土结构相接触的部位，应采用满粘法。  采用热熔法施工高聚物改性沥青卷材时，幅宽内底表面加热应均匀，不得过分加热或烧穿卷材。   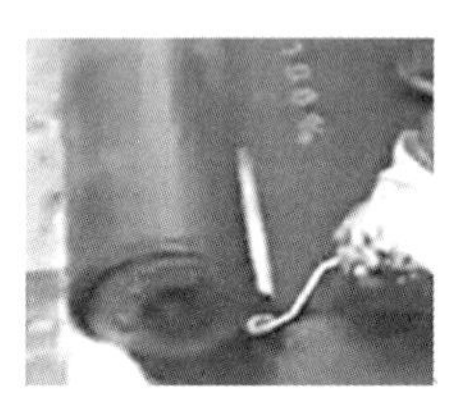 采用冷粘法施工合成高分子卷材时，必须使用与卷材材性相溶的胶粘剂，并应涂刷均匀。
施工条件	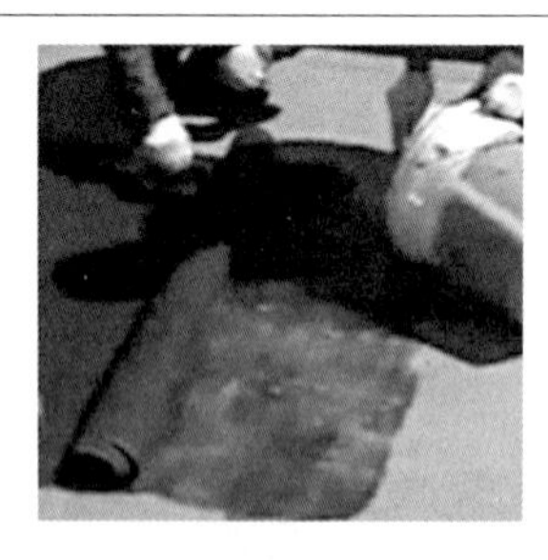 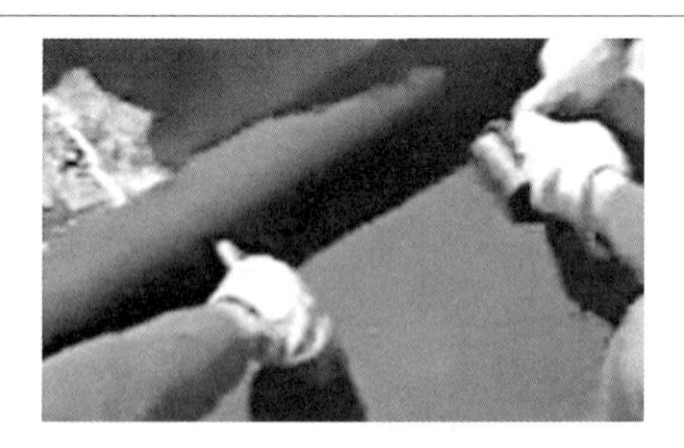 铺贴时，应展平、压实，卷材与基面和各层卷材间必须粘接密实。 铺贴立面卷材防水层时，应采取防止卷材下滑的措施，两幅卷材短边和长边的搭接，宽度均不应小于 100mm。 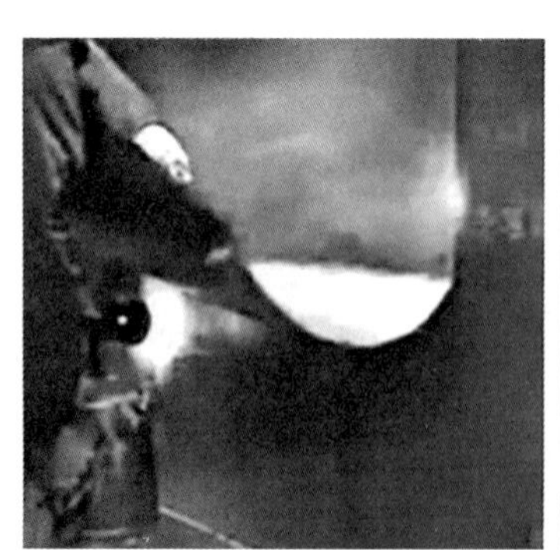 

续表

项目	图示及说明
施工条件	采用合成树脂类的塑性卷材时，搭接宽度应为 50mm，并采用焊接方式施工。焊缝有效焊接宽度不应小于 30mm。 采用双层卷材时，上下两层和相邻两幅卷材的接缝应错开 1/3 ～ 1/2 幅宽，且两层卷材不得相互垂直铺贴。 卷材接缝必须粘贴封严，接缝口应用材性相溶的密封材料封严，宽度不应少于 10mm。 在立面与平面的转角处，卷材的接缝应留在平面上，与地面不应小于 600mm。  

4. 地下室防水卷材法

地下室防水卷材的防水法，根据防水的侵入方向有两种，即外防水法与内防水法。

（1）外防水法

外防水法是将卷材防水层粘贴在地下结构的迎水面，形成一个以卷材防水层和防水结构层共同工作的地下结构物。抵抗地下水向构筑物内渗透和侵蚀，由于防水层位于地下结构外表面，故称为外防水法（图 5-5）。这是地下工程最常用的防水方法。

对于外防水法，根据保护墙的施工先后和卷材的铺贴位置可分为外防外贴法及外防内贴法，见表 5-2。

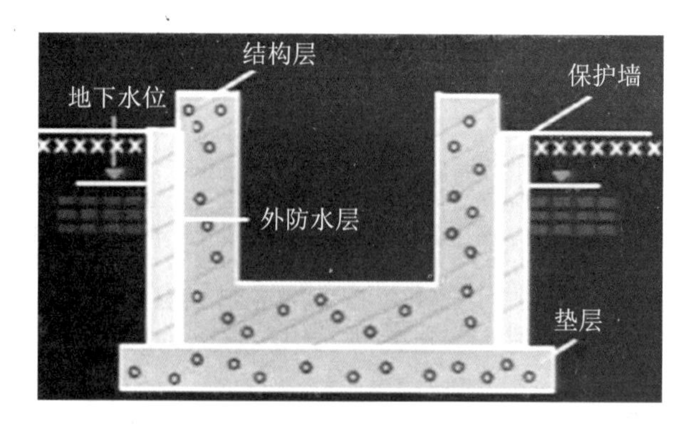

图 5-5 外防水法

外防水法的分类 表 5-2

<table>
<tr><th>种类</th><th colspan="2">图示及说明</th></tr>
<tr><td rowspan="3">外防外贴法</td><td colspan="2">外防外贴法是先进行防水结构施工，然后将卷材防水层铺贴在防水结构体外表面，再砌永久性保护墙或粘贴软保护层后，回填土。
外防外贴法铺贴防水卷材的基本要求：铺贴卷材应先铺平面、后铺立面，交接处应交叉搭接；临时性保护墙用石灰砂浆砌筑，内表面应用石灰砂浆做找平层，并刷石灰浆；如用模板代替临时性保护墙时，应在其上涂刷隔离剂；从底面折向立面的卷材与永久性保护墙的接触部位应采用空铺法施工；与临时性保护墙或维护模板接触的部位，应临时贴附在该墙上，或模板上；卷材铺好后，其顶端应临时固定；当不设保护墙时，从底面折向立面的卷材的接茬部位，应采取可靠的保护措施。
1）主体结构完成以后，铺贴立面卷材时，应先将接茬部位的各层卷材揭开，并将其表面清理干净，如卷材有局部损伤，应及时进行修补。</td></tr>
<tr><td></td><td></td></tr>
<tr><td>2）卷材接茬的搭接长度：高聚物改性沥青卷材为 150mm；高合成分子卷材为 100mm；当使用两层卷材时，卷材应错槎接缝，上层卷材应盖过下层卷材。</td><td></td></tr>
</table>

续表

种类	图示及说明
外防外贴法	3）卷材的接茬、甩茬做法如下： 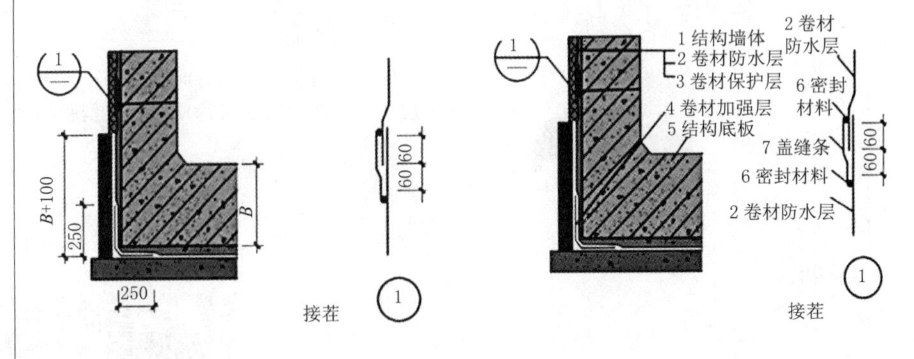 接茬　　接茬 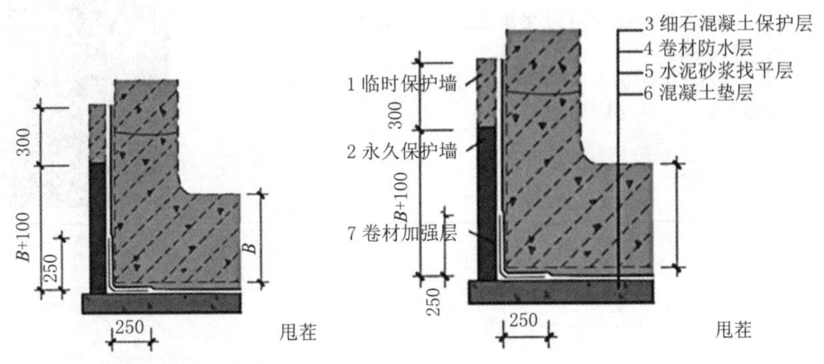 甩茬　　甩茬 卷材防水层的保护层应符合下列规定： ①顶板卷材防水层上的细石混凝土保护层厚度不应小于 70mm，防水层为单层卷材时，在防水层与保护层之间应设置隔离层； ②地板卷材防水层上的细石混凝土保护层厚度不应小于 50mm； ③侧墙卷材防水层宜采用软保护或铺抹 20mm 厚的 1:3 水泥砂浆。
外防内贴法	当施工条件受到限制，无法采用外防外贴法施工时，可采用外防内贴法施工。所谓外防内贴法卷材防水层施工是指，在结构外墙施工前，先砌永久性保护墙，将卷材防水层粘贴在保护墙上。 工艺流程：混凝土垫层施工→外墙保护墙施工→平立面找平层施工→涂刷平立面基层处理剂→加强层施工→铺贴平面和立面卷材→卷材保护层施工→钢筋混凝土结构层。 外防内贴法卷材防水层施工，主体结构保护墙内表面水泥砂浆找平层配合比应为 1:3，卷材铺贴先铺立面，后铺平面。铺贴立面时，先铺转角处，后铺大面。 

续表

种类	图示及说明
外防内贴法	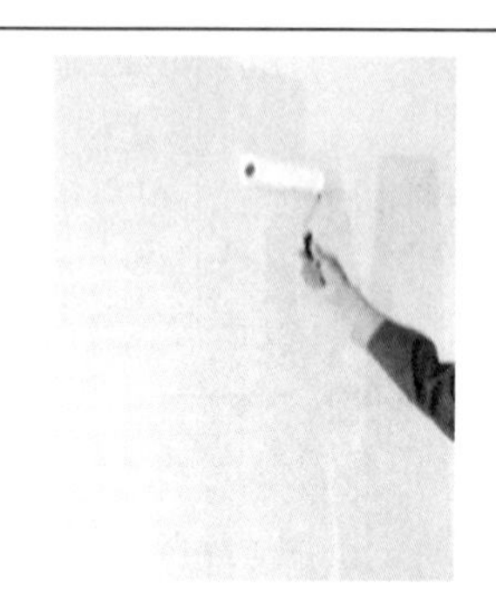 卷材防水层铺贴后，应及时做保护层，当铺贴卷材防水层的基面潮湿时，应涂刷湿固化型胶粘剂或潮湿界面隔离剂。 平面卷材铺贴可以采用满贴法、条粘法、免粘法和空铺法。 侧墙卷材防水层必须采取满粘法，卷材与基层保护层卷材的粘接应牢固。 

（2）内防水法

内防水法（图 5-6）是将卷材防水层粘贴在地下结构的背水面，其结构的内表面。因为卷材防水层可承受载荷很小，需加做刚性内衬层，以压紧卷材防水层，抵抗水的压力。这种防水法多用于人防工程、隧道及特种工业基坑工程。

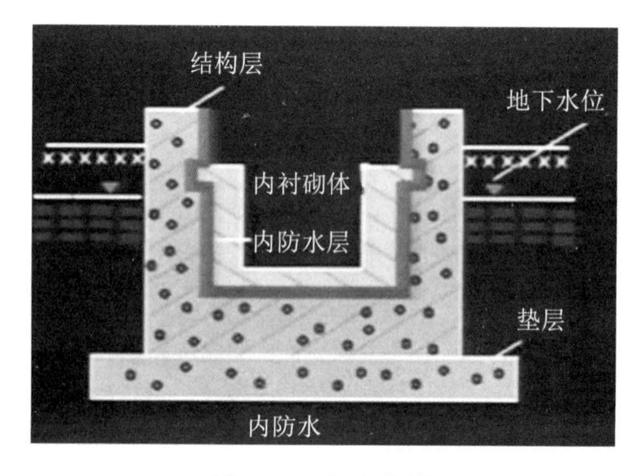

图 5-6 内防水法

第二节 水泥砂浆防水层

水泥砂浆防水层是一种刚性防水层，依靠砂浆本身的憎水性和砂浆的密实性来达到防水目的，具有良好的防水能力，因取材容易、施工简便、成本较低，主要适用于混凝土或砌体结构的基层上采用多层抹面的新建工程或维修工程水泥砂浆防水层，如地下室、水泵房、地下沟道、水池、沉井、水塔等；不适用于环境有侵蚀性、持续振动或温度超过 80℃的地下工程。

水泥砂浆防水层分为刚性多层抹面防水层和掺外加剂防水层两种。掺外加剂水泥砂浆防水层分为无机盐类（氯化钙、氯化铝、氯化铁等）水泥砂浆防水层、微膨胀剂（低碱膨胀剂、纤维膨胀剂、混凝土膨胀剂等）补偿收缩水泥砂浆防水层和聚合物（有机硅、阳离子氯丁胶乳、丙烯酸酯共聚乳液）水泥砂浆防水层三种情况，其中掺无机盐类防水剂（掺量占水泥重量的 3% ～ 5%）的水泥砂浆防水层的抗渗能力较低，一般在 0.4MPa 以下，只适用于水压较小的防水工程或作为其他防水层的辅助措施，补偿收缩水泥砂浆防水层和聚合物水泥砂浆防水层有较高的抗渗能力，单独用于防水工程中，防水效果较好。

水泥砂浆防水层构造做法如图 5-7 所示。

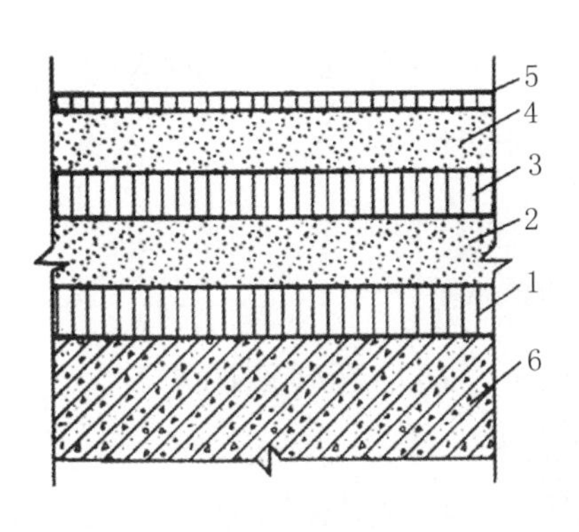

（a）刚性多层防水层

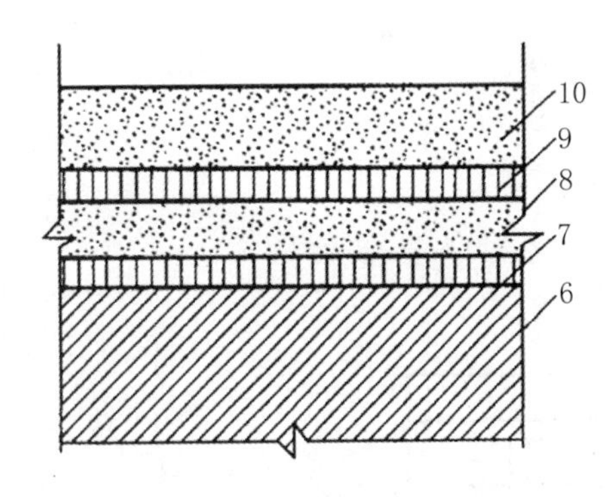

（b）氯化铁防水砂浆防水层构造

图 5-7 水泥砂浆防水层构造做法

1，3—素灰层；2，4—水泥砂浆层；5，7，9—水泥浆；
6—结构基层；8—防水砂浆层；10—防水砂浆面层

1. 基层处理

（1）混凝土基层处理

1）新建混凝土基层，拆模后要及时用钢丝刷将混凝土表面刷毛，并在抹面前浇水冲刷干净。

2）旧混凝土工程补做防水层时，需先将表面凿毛，达到平整后再浇水冲刷干净。

3）对于混凝土结构的施工缝，要沿缝剔成八字形凹槽，用水冲洗后，用素灰打底、水泥砂浆压实抹平，如图 5-8 所示。

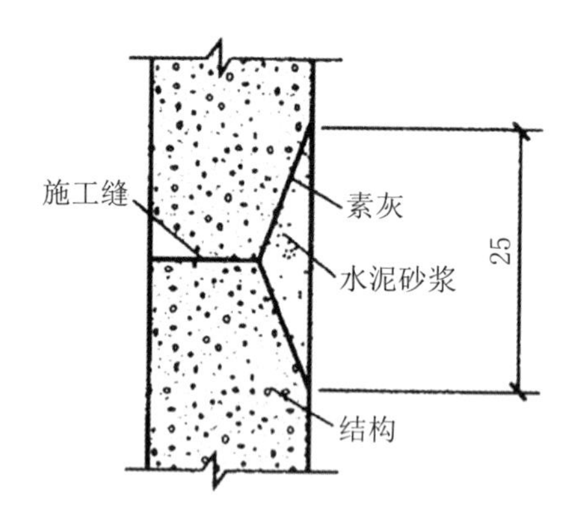

图 5-8　混凝土结构施工缝的处理（单位：mm）

（2）砖砌体基层处理

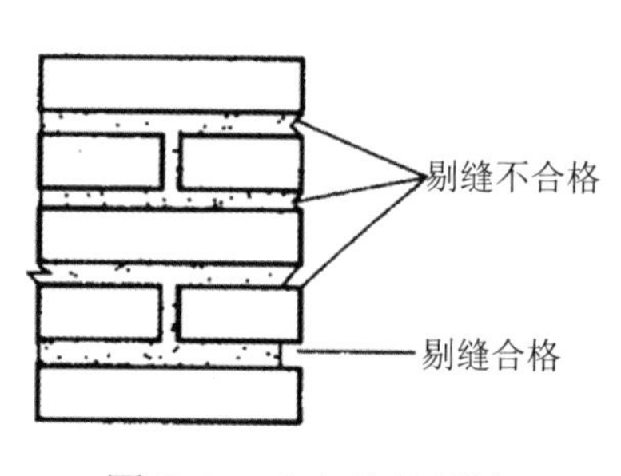

图 5-9　砖砌体的剔缝

1）清除干净砖墙面残留的灰浆、污物，充分浇水湿润。

2）针对用石灰砂浆和混合砂浆砌筑的新砌体，需将砌体灰缝剔进 10mm 深，且缝内呈直角（图 5-9），以增强防水层与砌体的黏结力；对于水泥砂浆砌筑的砌体、灰缝可以不剔除，但对于已勾缝的需将勾缝砂浆剔除。

3）对于旧砌体，需用钢丝刷或剁斧清除松酥表面和残渣，直到露出坚硬砖面，再浇水冲洗干净。

(3) 毛石和料石砌体基层处理

1）其基层处理与混凝土和砖砌体相同。

2）对于石灰砂浆或混合砂浆砌体，其灰缝要剔成10mm深的直角沟槽。

3）对于表面凹凸不平的石砌体，清理完后，在基层表面做找平层。其具体做法是：先在石砌体表面刷一道水灰比为0.5左右的水泥浆，厚约1mm，再抹1～1.5cm厚的1:2.5水泥砂浆，并将表面扫成毛面。如若一次不能找平时，要间隔2天分次找平。

基层处理后必须浇水湿润，这是确保防水层和基层结合牢固、不空鼓的重要条件。浇水要按次序反复浇透，使其抹上灰浆后不出现吸水现象。

2. 设置防水层

防水层分为内抹面防水和外抹面防水两种。地下结构物除需考虑地下水渗透外，还应注意地表水的渗透，所以防水层的设置高度应高出室外地坪150mm以上，如图5-10所示。

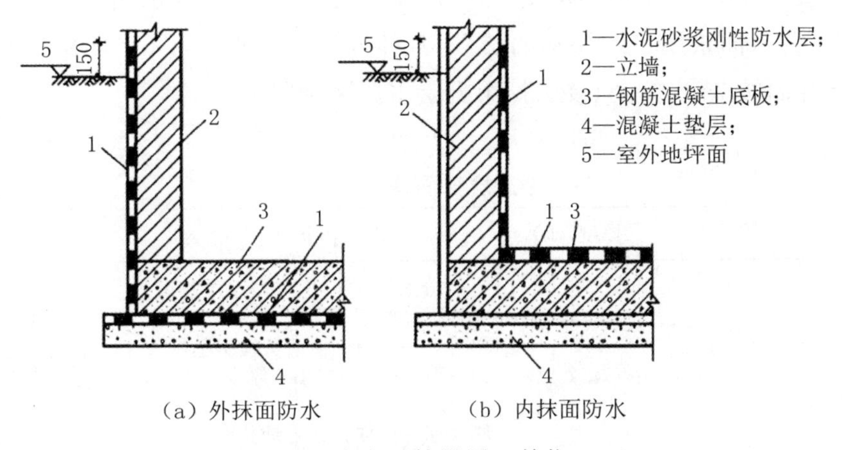

（a）外抹面防水　（b）内抹面防水

图5-10　防水层的设置（单位：mm）

3. 混凝土预板与墙面防水层施工

1）第一层（素灰层，厚 2mm，水灰比为 0.37 ～ 0.4）：首先将混凝土基层浇水湿润后，抹一层厚 1mm 素灰，用铁抹子反复抹压 5 ～ 6 遍，使素灰填实混凝土基层表面的缝隙，用来增加防水层与基层的黏结力。再抹厚 1mm 的素灰均匀找平，并用毛刷横向轻轻刷一遍，用以打乱毛细孔通路，以便和第二层结合。在其初凝期间做第二层。

2）第二层（水泥砂浆层，厚 4 ～ 5mm，灰砂比为 1:2.5，水灰比 0.6 ～ 0.65）：在初凝的素灰层上轻轻抹压一遍，使砂粒能压入素灰层（但注意不能压穿素灰层），以便两层间结合牢固。在水泥砂浆层初凝前，用扫帚将砂浆层表面扫成横向条纹，当终凝并具有一定强度后（一般隔一夜）做第三层。

3）第三层（素灰层，厚 2mm）：其操作方法与第一层相同。若水泥砂浆层在硬化过程中析出游离的氢氧化钙形成白色薄膜时，需刷洗干净，避免影响黏结。

4）第四层（水泥砂浆层，厚 4 ～ 5mm）：按照第二层方法抹水泥砂浆。水泥砂浆硬化过程中，用铁抹子分次抹压 5 ～ 6 遍，用以增加密实性，最后再压光。

5）第五层（水泥浆层，厚 1mm，水灰比为 0.55 ～ 0.6）：若防水层在迎水面时，则需在第四层水泥砂浆抹压两遍后，用毛刷均匀涂刷一道水泥浆，随着第四层一并压光。

混凝土顶板与墙面的防水层施工，在一般情况下，迎水面采用“五层抹面法”，背水面采用“四层抹面法”。具体操作方法见表 5-3。四层抹面做法和五层抹面做法一样，只要去掉第五层水泥浆层即可。

五层抹面法　　表 5-3

层次	水灰比	厚度（mm）	操作要点	作用
第一层 素灰层	0.4 ～ 0.5	2	1）分两次抹压，基层浇水湿润后，先抹 1mm 厚结合层，用铁抹子往返抹压 5 ～ 6 遍，使素灰填实基层表面空隙，其上再抹 1mm 厚素灰找平。 2）抹完后用湿毛刷按横向轻轻刷一遍，以便打乱毛细孔通路，增强与第二层的结合	防水层第一道防线

续表

层次	水灰比	厚度(mm)	操作要点	作用
第二层水泥砂浆层	0.4～0.45	4～5	1）待第一层素灰稍加干燥，用手指按能进入 1/4～1/2 深时，再抹水泥砂浆层，抹时用力要适当，既要避免破坏素灰层，又要使砂浆层压入素砂层内 1/4 左右，以使第一、第二层紧密结合。 2）在水泥砂浆初凝前后，用扫帚将砂浆层表面扫出横向条纹	起骨架和保护素灰作用
第三层素灰层	0.37～0.4	2	1）待第二层水泥砂浆凝固并有一定强度后（一般需 24h），适当浇水湿润，即可进行第三层操作，操作方法同第一层。 2）若第二层水泥砂浆层在硬化过程中析出游离的氢氧化钙形成白色薄膜，应刷洗干净	防水作用
第四层水泥砂浆层	0.4～0.45	4～5	1）操作方法同第二层，但抹后不扫条纹，在砂浆凝固前后，分次用铁抹子抹压 5～6 遍，以增加密实性，最后压光。 2）每次抹压间隔时间应视现场湿度大小、气温高低及通风条件而定，一般抹压前三遍的间隔时间为 1～2h，最后从抹压到压光，夏季 10～12h 内完成，冬期 14h 内完成，以免因砂浆凝固后反复抹压而破坏表面的水泥结晶，使强度降低，产生起砂现象	保护第三层素灰层和防水作用
第五层水泥浆层	0.55～0.6	1	在第四层水泥砂浆抹压两遍后，用毛刷均匀涂刷水泥浆一道，随第四层压光	防水作用

4. 施工缝留槎

1）平面留槎采用的是阶梯坡形槎，要依层次顺序进行接槎，层层搭接紧密。接槎位置一般是留在地面上，也可留在墙面上，但均需离开阴阳角处 200mm，如图 5-11 所示。若在接槎部位继续施工时，需在阶梯形槎面上均匀涂刷水泥浆或抹素灰一道，用以保持接头密实不漏水。

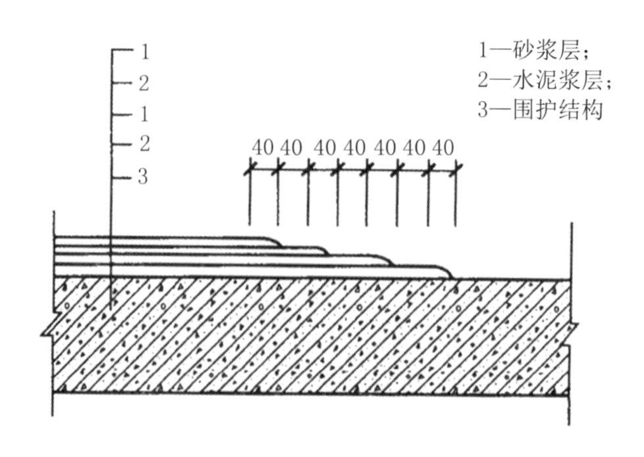

图 5-11 平面留槎示意（单位：mm）

2）基础面和墙面防水层转角留槎如图 5-12 所示。

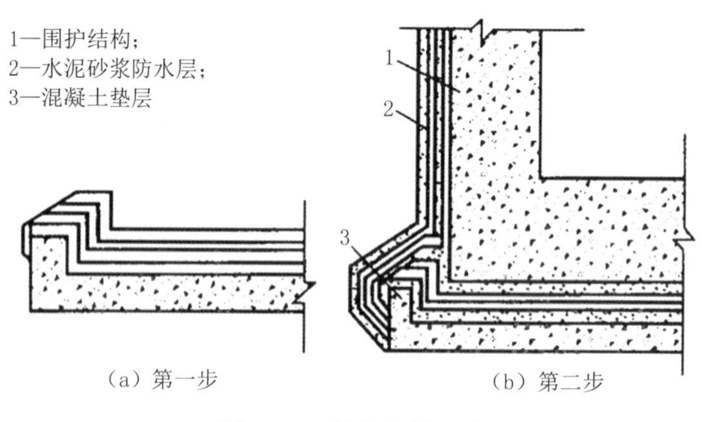

（a）第一步　　（b）第二步

图 5-12 转角留槎示意

5. 砖墙面防水层施工

砖墙面防水层的施工，除第一层外，其他各层操作方法同混凝土墙面操作。先要将墙面浇水湿润，然后在墙面上涂刷一道泥浆，厚度约为 1mm，涂刷时，沿水平方向反复涂刷 5 ～ 6 遍，涂刷要均匀，且灰缝处不得遗漏。涂刷后，趁水泥浆呈浆糊状时立即抹第二层防水层。

6. 混凝土地面防水层施工

混凝土地面防水层操作方法与顶板和墙面的不同，主要是素灰层（第一、第三层）采用的不是刮抹的方法，而是将搅拌好的素灰倒在地面上，用马连根刷往返用力均匀涂刷。

第二层和第四层是在素灰初凝前后，将拌好的水泥砂浆在素灰层上均匀铺上，按顶板和墙面施工要求抹压，各层厚度也与两者防水层相同。施工时应由里向外，尽量避免施工时踩踏防水层。

当防水层表面需做瓷砖或水磨石地面时，可在第四层压光 3 ～ 4 遍后，将表面用毛刷扫毛，凝固后再进行装饰面层施工。

7. 石墙面和拱顶防水层施工

先做找平层（一层素灰、一层砂浆），待找平层充分干燥后，用水将其表面湿润，即可进行防水层施工，防水层施工方法同混凝土基层防水。

8. 养护

水泥砂浆防水层凝结后，要立即用草袋覆盖进行浇水养护。

1）防水层施工完，且砂浆终凝后，表面为灰白色时，便可覆盖草袋浇水养护。养护时先用喷壶慢慢喷水，一段时间后再用水管浇水。

2）养护时的温度不宜低于 5℃，养护的时间不得少于 14 天，夏天应增加浇水次数，但在中午最热时不宜浇水养护，若为易风干部分，应每隔 4h 浇水一次。养护期间要尽量保持覆盖物湿润。

3）防水层施工后，严禁践踏，应在防水层养护完毕后再进行其他工程施工，以免破坏防水层。

如地下室、地下沟道比较潮湿，通风不良，可不必浇水养护。

聚合物水泥防水砂浆尚未达到硬化状态时，不可浇水养护或是受雨水冲刷，硬化后应采用干湿交替的方法养护。潮湿环境中，可在自然条件下养护。

第三节　涂料防水层

涂料防水是在本身有一定防水能力的结构层表面上再涂刷一定厚度的防水涂料，经常温交联固化后，形成一层具有一定坚韧性的防水涂膜的防水方法。根据防水基层的情况和适用范围，可将加固材料和缓冲材料铺设在涂料层内，以达到提高涂膜防水效果、增强防水层强度的效果。本法得到广泛应用，不但适用于建筑物的屋面防水、墙面防水，还可应用于地下防水和其他工程的防水。

防水涂料最好采用外防外涂或外防内涂，如图 5-13、图 5-14 所示。

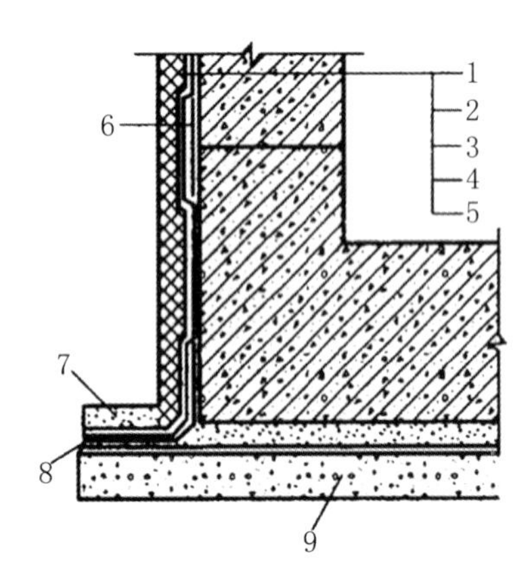

图 5-13　防水涂料外防外涂构造

1—保护墙；2—砂浆保护层；3—涂料防水层；4—砂浆找平层；5—结构墙体；6—涂料防水层加强层；7—涂料防水层搭接部位保护层；8—涂料防水层搭接部位；9—混凝土垫层

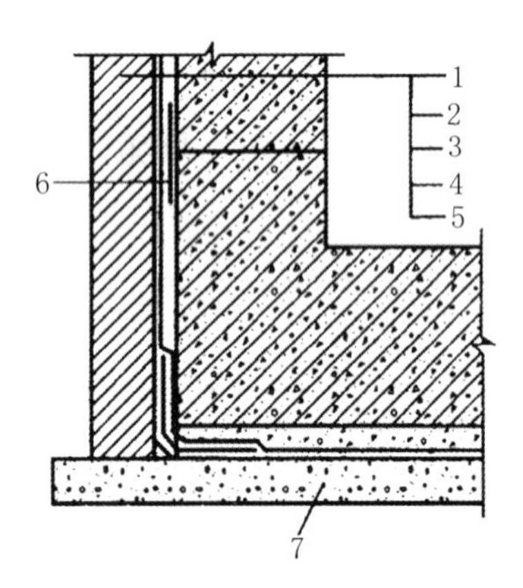

图 5-14　防水涂料外防内涂构造

1—保护墙；2—涂料保护层；3—涂料防水层；4—找平层；5—结构墙体；6—涂料防水加强层；7—混凝土垫层

涂料防水层细部构造防水处理，详见表 5-4。

涂料防水层细部构造防水处理　　表 5-4

项目	图示及说明
涂料防水层甩槎构造	涂膜防水施工属于冷作业施工，只适合地下室结构外防外涂的防水施工作业，并不适合外防内涂作业。即将涂膜防水涂料涂刷在地下室结构基层面上，形成的涂膜防水层能够适应结构变形。涂膜防水层从底板垫层转向砌块外模板墙立面时，在转角位置的防水层会出现由于地层产生的相对沉降位移，使建筑物与砌块外模板墙不同步沉降而与防水层产生摩擦拉伸进而损坏防水层，所以防水涂料不可涂在永久性保护墙上，必须采取适合的构造措施，保证所形成的涂膜防水层能适应结构在沉降位移时防水层与砌块外模板墙自动分离而牢固附属在结构主体上，从而实现建筑物与防水层同步位移，以免建筑物下沉拉损防水层。 具体措施如下： 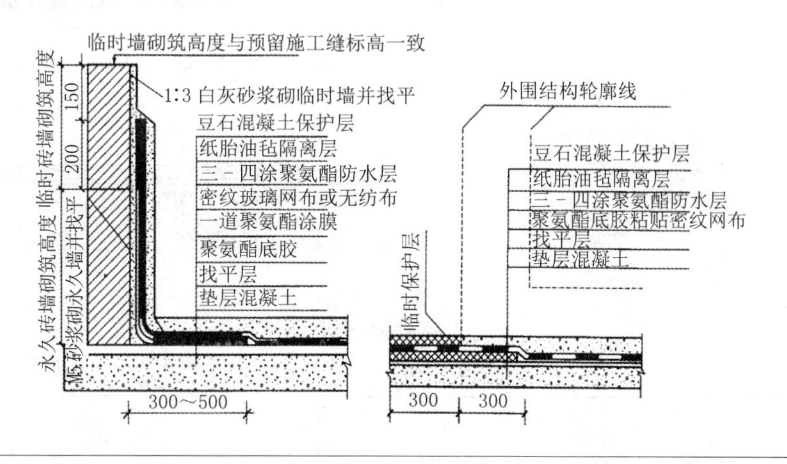
阴阳角做法	在基层涂布底层涂料后，需先实施增强涂布，同时铺贴好玻璃纤维布，然后涂布第一道、第二道涂膜，阴阳角的做法如下图： 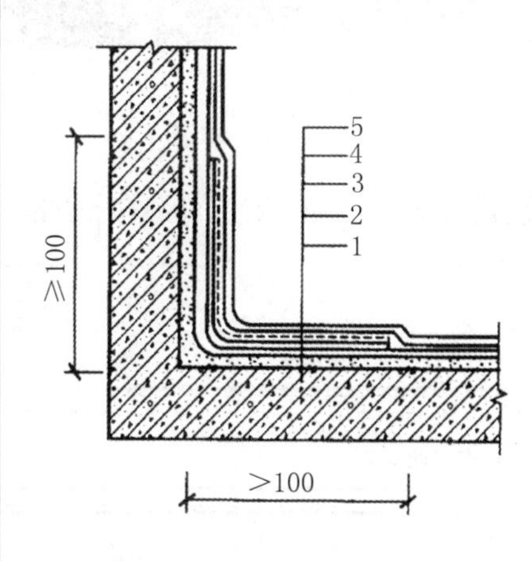 1—需防水结构；2—水泥砂浆找平层； 3—底涂层（底胶）；4—玻璃纤维布增强涂布； 5—涂膜防水层 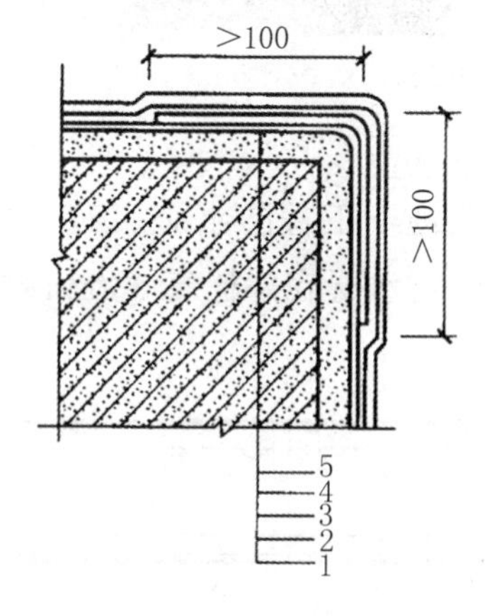 1—需防水结构；2—水泥砂浆找平层； 3—底涂层（底胶）；4—玻璃纤维布增强涂布； 5—涂膜防水层

续表

项目	图示及说明
管道处理	对于管道根部，先用砂纸将管道打毛，用溶剂洗除油污，管道根部周围基层要保持清洁干燥。在管道根部周围和基层涂刷底层涂料，在底层涂料固化后做增强涂布，然后再涂刷涂膜防水层。
施工缝或裂缝的处理	施工缝或裂缝的处理要先涂刷底层涂料，固化后再铺设1mm厚、10cm宽的橡胶条，然后才可再涂布涂膜防水层。 >35 >35 >5 >5 3 4 5 2 1 1—混凝土结构；2—施工缝或裂缝、缝隙；3—底层料（底胶）；4—10cm自粘胶条或一边粘贴的胶条；5—涂膜防水层

第四节　地下工程排水

在地下工程防水施工时，必须经排水措施，将施工范围内的地下水位，降低至防水层底部标高500mm以下。

1. 渗排水施工

渗排水是先在地下构筑物下面铺设一层碎石或卵石作为渗水层，然后在透水层内设置集水管或排水沟，将水排走。

（1）渗排水层构造

采用渗水管排水时，渗水层与土壤之间不设置混凝土垫层，地下水是经过滤水层和渗水层进入渗水管。为了防止泥土颗粒随地下水进入渗水层堵塞渗水管，渗水管周围可采用粒径20～40mm、厚度不低于400mm的碎石（或卵石）作渗水层，渗水层下面采用粒径5～15mm、厚度为100～150mm的粗砂或豆石作滤水层。在渗水层与混凝土底板之间需抹15～20mm厚的水泥砂浆或加一层油毡作为隔浆层，以防止浇捣混凝土时堵塞渗水层。

渗水管有两种做法：一种采用直径为150～250mm的钢筋混凝土管或带孔的铸铁管；另一种采用长度为500～700mm的不带孔的预制管作渗水管。为了达到渗水要求，管子端部之间留有10～15mm间隙，以便向管内渗水。一般渗水管的坡度采用1%，渗水管要顺坡铺设，不可反坡铺设，地下水通过渗水管汇集到总集水管（或集水井）排走，如图5-15所示。

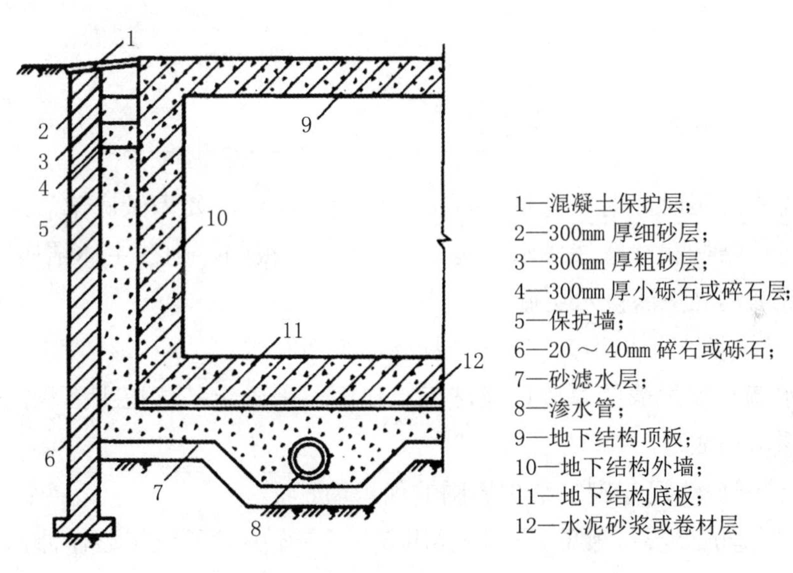

图5-15 渗排水层（有排水管）构造

采用排水沟排水时，在渗水层与土壤之间设置混凝土垫层及排水沟，整个渗水层做成1%的坡度，水通过排水沟流向集水井，然后用水泵抽走，如图5-16所示。

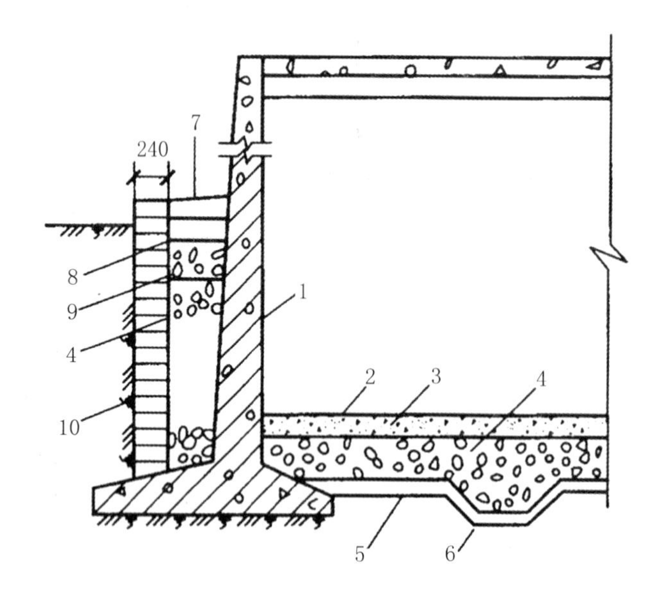

图5-16 渗排水层（无排水管）构造（单位：mm）

（2）渗排水施工

渗排水施工时，对于有钢筋混凝土底板的结构，要先做底部渗水层，然后进行主体结构和立壁渗排水层施工；对于无底板的，则在主体结构施工后，再进行底部和立壁渗排水层施工。

1）基坑挖土，采用人工或小型反铲PC-200进行。应综合考虑结构底面积、渗水墙和保护墙的厚度以及施工工作面，来确定基坑挖土面积。基坑挖土应将渗水沟成型。

2）依据放线尺寸砌筑结构周围的保护墙。

3）与基坑土层接触的部分，要用5～10mm小石子或粗砂做滤水层，其总厚度为100～150mm。

4）沿渗水沟安放渗排水管，管子相互对接处应留出10～15mm的间隙，在做渗排水层时，要将其埋实固定。渗排水管的坡度应不小于1%，严禁有倒流现象。

5）分层设渗排水层（即20～40mm碎石层）至结构底面。分层铺设厚度不应超过300mm。渗排水层施工时应用平板振动器将每层轻振压实，要求分层厚度及密实度均匀一致，与基坑周围土接触部位，均应设粗砂滤水层。

6）隔浆层铺抹。铺抹隔浆层，防止在浇筑结构底板混凝土时，水泥砂浆填入渗排水层而降低结构底板混凝土质量并影响渗排水层的水流畅通。隔浆层可铺油毡或抹厚 30 ～ 50mm 的水泥砂浆。水泥砂浆需掌握好拌和水量，砂浆不要太稀，可抹实压平，但不要使用振动器，隔浆层可铺抹至墙边。

7）待隔浆层养护凝固后，即可施工防水结构，此时应注意不要破坏隔浆层，也不要扰动已做好的渗排水层。

8）结构墙体外侧模板拆除后，除净结构墙体至保护墙之间的隔浆层，再分层施工渗水墙部分的排水层和砂滤水层。

9）最后是施工渗排水墙顶部的保护层或混凝土散水坡。散水坡需高过渗排水层外缘且不小于 400mm。

2. 盲沟排水施工

盲沟排水法是指在构筑物四周设置盲沟，使地下水顺着盲沟向低处排走的方法，该法的优点是排水效果好，可节约原材料和工程费用。

凡是具有自流排水条件且不存在倒灌可能时，便可采用盲沟排水法，如图 5-17 所示。当地形受到限制时，无自流排水条件，也可以通过盲沟将地下水引入集水井内，然后再用水泵抽走。盲沟排水法也是解决渗漏水的一种措施。盲沟排水适合于地基为弱透水性土层，地下水量不是很大，排水面积较小或常用地下水位低于地下建筑物室内地坪，仅在雨季丰水期的短期内略高于地下建筑物室内地坪的地下防水工程。

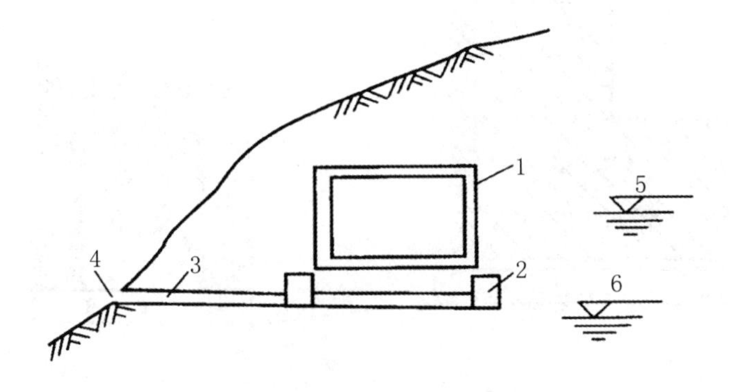

图 5-17 盲沟排水示意

1—地下构筑物；2—盲沟；3—排水管；4—排水口；5—原地下水位；6—降低后地下水位

(1) 盲沟设置

盲沟与基础最小距离的设计要视工程地质情况选定；盲沟设置应符合图 5-18 和图 5-19 的规定要求。

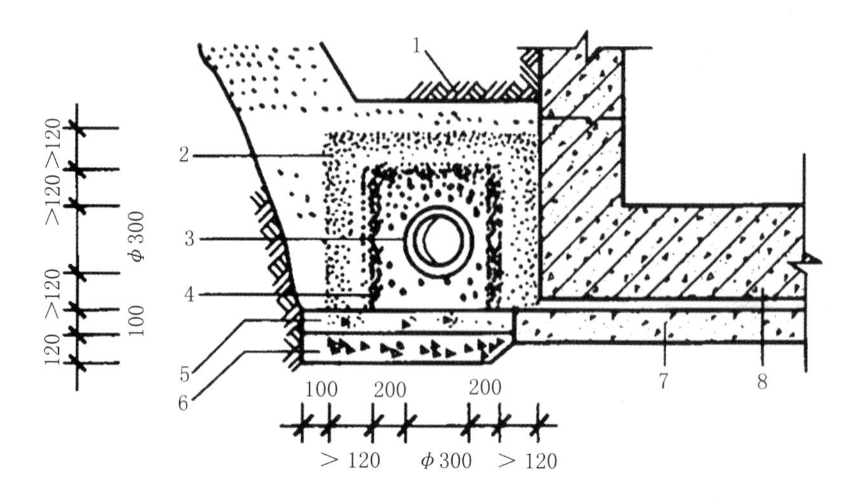

图 5-18 贴墙盲沟设置（单位：mm）

1—素土夯实；2—中砂反滤层；3—集水管；4—卵石反滤层；5—水泥、砂、碎砖层；6—碎砖夯实层；7—混凝土垫层；8—主体结构

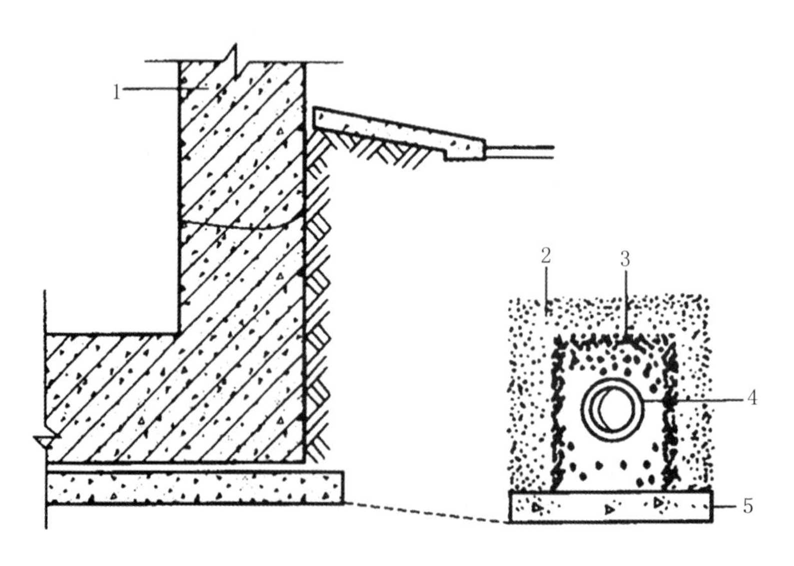

图 5-19 离墙盲沟设置

1—主体结构；2—中砂反滤层；3—卵石反滤层；4—集水管；5—水泥、砂、碎砖层

（2）盲沟排水施工

1）无管盲沟排水施工。无管盲沟的施工构造形式如图 5-20 所示，其断面尺寸的大小要通过水流量的大小来确定。

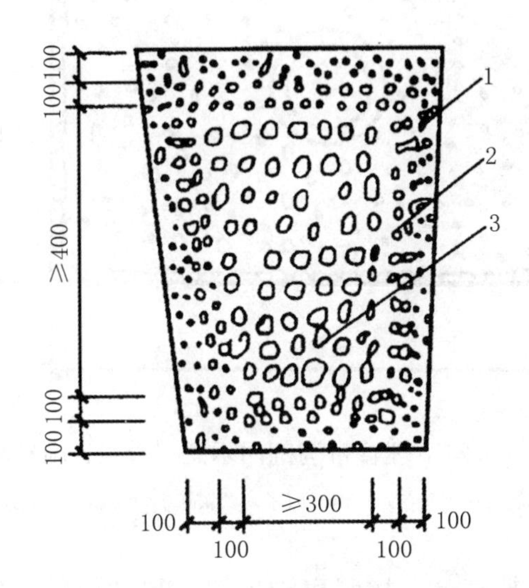

图 5-20 无管盲沟构造剖面示意（单位：mm）

1—粗砂滤水层；2—小石子滤水层；3—石子透水层

①沟槽开挖。按照盲沟位置、尺寸放线，采用人工方式或小型反铲开挖，沟底应按设计坡度找坡，严禁倒坡。

②沟底顺底、两壁拍平，然后铺设滤水层。底部开始先铺厚为 100mm 的粗砂滤水层；再铺厚 100mm 的小石子滤水层，同时铺好小石子滤水层外边缘与土之间的粗砂滤水层；在铺设中间的石子滤水层时，应按分层铺设的方向同时铺好两侧的小石子滤水层和粗砂滤水层。铺设各层滤水层要保持厚度和密实度均匀一致。要防止污物、泥土混入滤水层，靠近土的四周需为粗砂滤水层，再向内四周为小石子滤水层，中间为石子滤水层。

③设置滤水篦子。盲沟出水口应设置滤水篦子。

2）埋管盲沟排水施工。将埋管盲沟其集水管放置在石子滤水层中央，将石子滤水层周边用玻璃丝布包裹，如图 5-21 所示。若基底标高相差较小，上下层盲沟可采用跌落井连系。

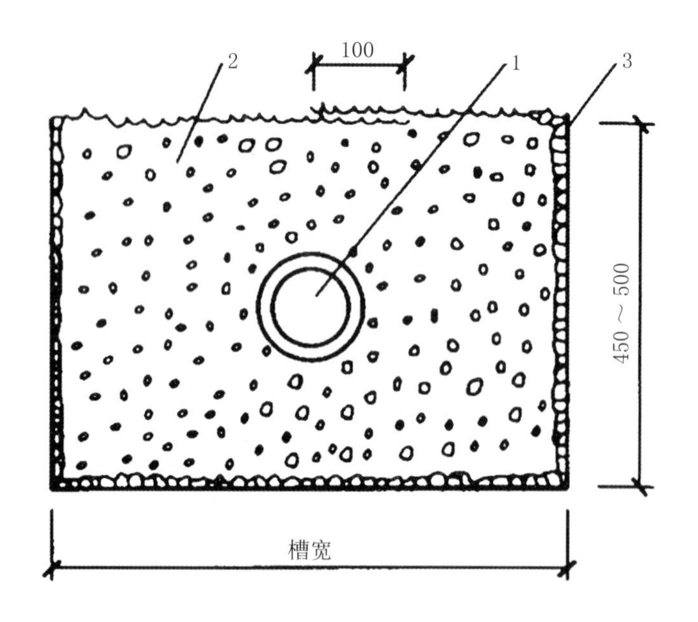

图 5-21 埋管盲沟剖面示意（单位：mm）

1—集水管；2—粒径 10 ～ 30mm 石子，厚 450 ～ 500mm；3—玻璃丝布

①放线回填。在基底上，按照盲沟位置、尺寸放线，然后采用人工或机械回填（开挖）。盲沟底应回填灰土，并在填灰土之前找好坡；盲沟壁两侧回填素土至沟顶标高。

②预留分隔层。按盲沟宽度采用人工或机械将回填土进行刷坡整治，按盲沟尺寸成型。沿着盲沟壁底人工铺设分隔层（土工布）。根据盲沟宽度尺寸并结合相互搭接确定分隔层在两侧沟壁上口的留置长度，应不少于 10cm。分隔层的预留部分应临时固定在沟上口两侧，并注意保护。

③铺设石子。在铺好分隔层的盲沟内，人工铺设 17 ～ 20cm 厚的石子，铺设时必须按照排水管的坡度找坡，防止倒流。必要时要用仪器实测每段管底标高。

④铺设排水管。接头处要先用砖头垫起，再用厚 0.2mm 的薄钢板包裹，以钢丝绑平，并用沥青胶和土工布涂裹两层，撤砖安好管，拐弯用弯头连接，跌落井应先用红砖或混凝土浇砌，再在外壁安装管件。

⑤续铺滤水层。排水管安装完后，经测量管道标高符合设计要求，便可继续铺设石子滤水层至盲沟沟顶。石子铺设要保持厚度、密实度均匀一致，施工时不得损坏排水管。

⑥覆盖土工布。石子铺设至沟顶即可覆盖土工布，沿石子表面将预留置

的土工布覆盖，并沿顺水方向搭接，搭接宽度不应低于 10cm。

⑦回填土。最后是回填土，注意不要损坏土工布。

第五节 细部构造渗漏水的治理

地下防水工程中由于施工操作和结构设计的需要，通常会留设变形缝、后浇带，使用上还会设置穿墙管、埋设件等，这些细部构造结构复杂、施工操作困难，是地下结构最易产生渗漏水的薄弱环节，所以必须选择合理有效的防水构造措施，从而保证地下工程的整体防水能力。

1. 变形缝

(1) 变形缝防水构造

几种变形缝的复合防水构造形式如图 5-22 ～图 5-24 所示。

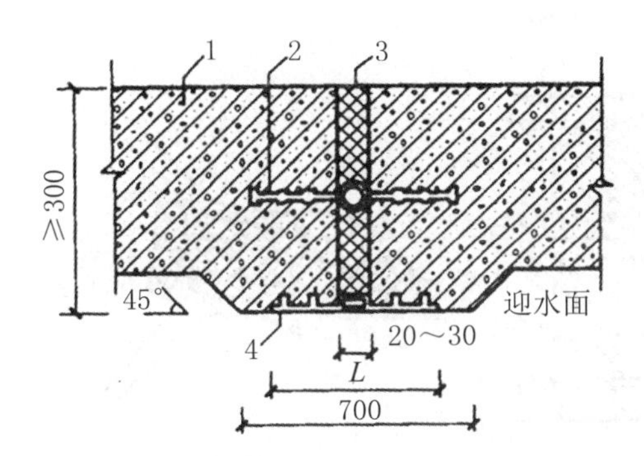

图 5-22 中埋式止水带与外贴式防水层复合使用（单位：mm）

1—混凝土结构；2—中埋式止水带；3—填缝材料；4—外贴式止水带；L—外贴式止水带长度，其值不小于 300mm

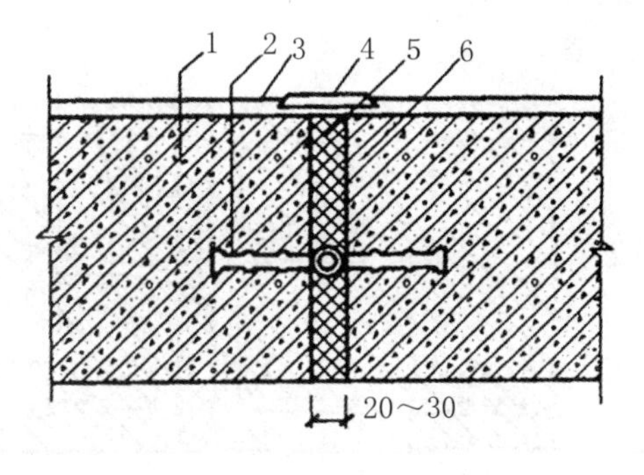

图 5-23 中埋式止水带与嵌缝材料复合使用（单位：mm）

1—混凝土结构；2—中埋式止水带；3—防水层；4—隔离层；5—密封材料；6—填缝材料

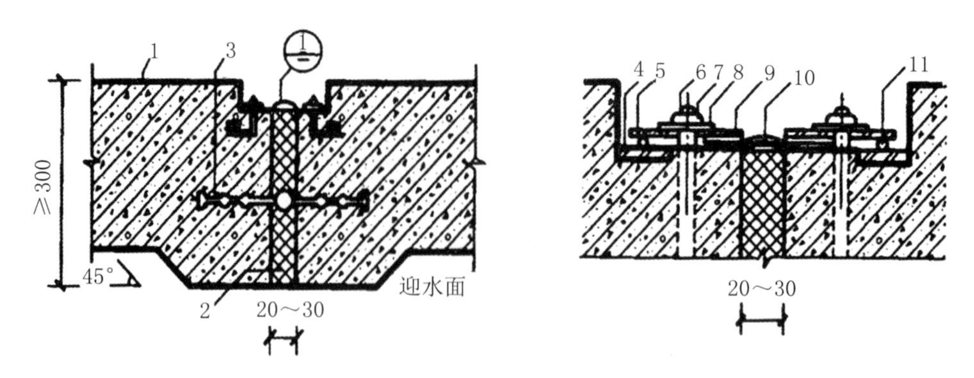

图 5-24 中埋式止水带与可卸式止水带复合使用（单位：mm）

1—混凝土结构；2—填缝材料；3—中埋式止水带；4—预埋钢板；5—紧固件压板；6—预埋螺栓；7—螺母；8—垫圈；9—紧固件压块；10—O 形止水带；11—紧固件圆钢

（2）中埋式止水带施工

1）止水带的埋设。止水带埋设位置要求准确，其中间空心圆环应与变形缝的中心线重合。

2）止水带的固定。止水带要妥善固定，顶、底板内止水带应成盆状设置。止水带宜采用专用钢筋套或扁钢固定。用扁钢固定时，止水带端部要用扁钢夹紧，并焊牢扁钢与结构内钢筋。固定扁钢用的螺栓间距最好为 500mm，如图 5-25 所示。

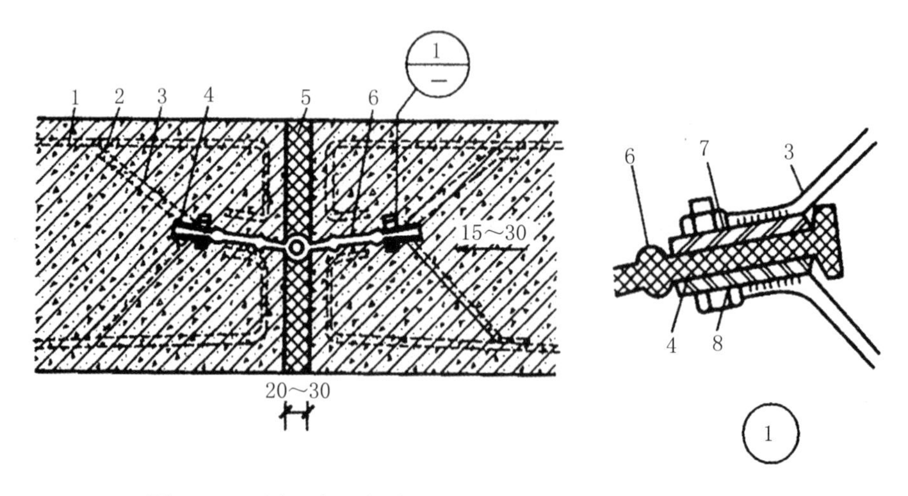

图 5-25 预（底）板中埋式止水带的固定（单位：mm）

1—结构主筋；2—混凝土结构；3—固定用钢筋；4—固定止水带用扁钢；5—填缝材料；6—中埋式止水带；7—螺母；8—双头螺杆

3）止水带接缝施工

①止水带的接缝最好为一处，应设在边墙较高位置上，不可设在结构转角处，接头最好采用热压焊。

②中埋式止水带在转弯处最好采用直角专用配件，并应做成圆弧形，橡胶止水带的转角半径应不低于200mm，钢边橡胶止水带应不低于300mm，且转角半径要按止水带的宽度增大而相应加大。

③施工时，安放于结构内侧的可卸式止水带要压紧，转角处应做成折角，且为45°，转角处需增加紧固件的数量。

④采用遇水膨胀橡胶条时，应固定于预留部位以避免止水条胀出缝外。

4）嵌缝材料嵌填施工

①缝内两侧要求平整、清洁、无渗水，并涂刷与嵌缝材料相容的基层处理剂。

②嵌缝时需事先设置与嵌缝材料隔离的背衬材料。

③嵌填密实，与两侧粘接牢固。

（3）外贴式止水带

变形缝与施工缝选用的均为外贴式止水带，其相交部位最好采用图5-26所示的专用配件。外贴式止水带的转角部位最好使用图5-27所示的专用配件。

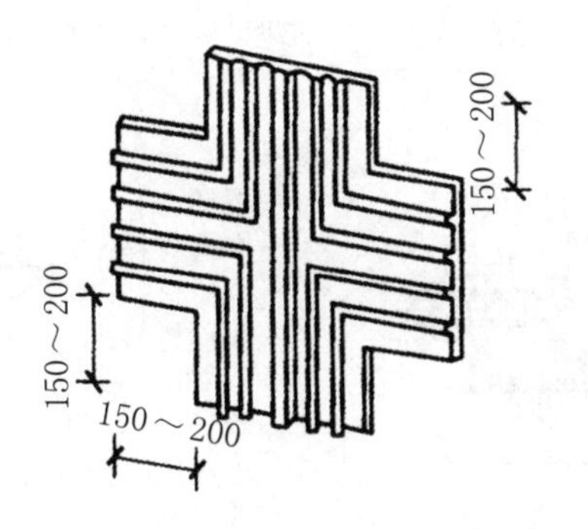

图5-26　外贴式止水带在施工缝与变形缝相交处的专用配件（单位：mm）

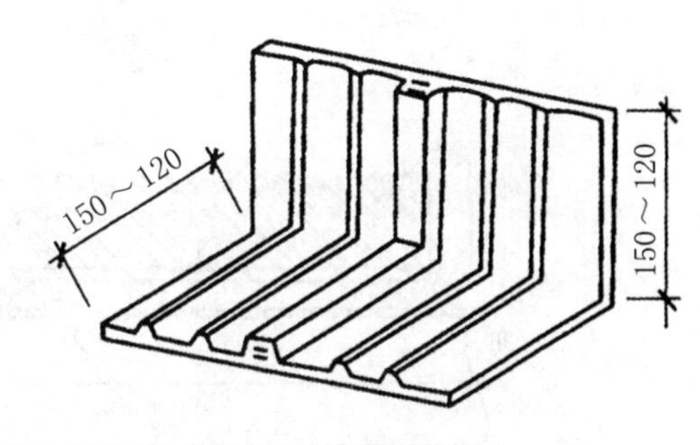

图5-27　外贴式止水带在转角处的专用配件（单位：mm）

2. 穿墙管

(1) 穿墙管防水构造

当结构变形或管道伸缩量较小时，穿墙管可选用主管直接埋入混凝土内的固定式防水法，主管应加焊止水环或环绕遇水膨胀止水圈，同时要在迎水面预留凹槽，采用密封材料将槽内嵌填密实。其防水构造如图 5-28、图 5-29 所示。

当结构变形或管道伸缩量较大或需更换时，穿墙管应采用套管式防水法，套管外要加焊止水环，如图 5-30 所示。

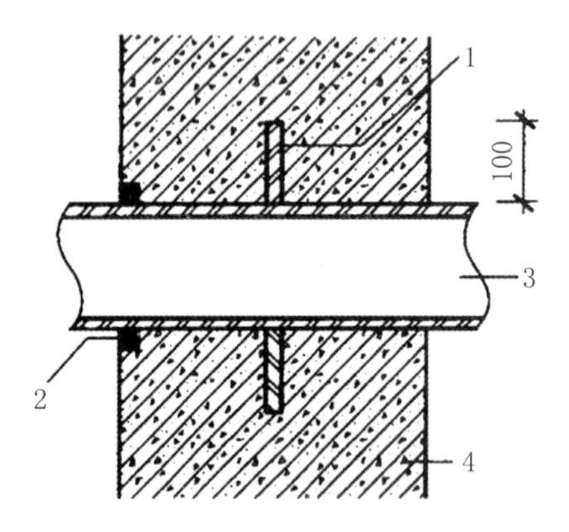

图 5-28 固定式穿墙管防水构造(一)(单位：mm)

1—止水环；2—嵌缝材料；3—主管；4—混凝土结构

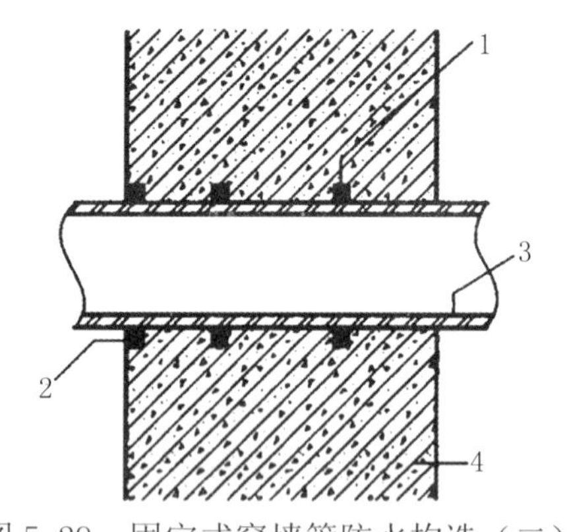

图 5-29 固定式穿墙管防水构造（二）

1—遇水膨胀橡胶圈；2—嵌缝材料；3—主管；4—混凝土结构

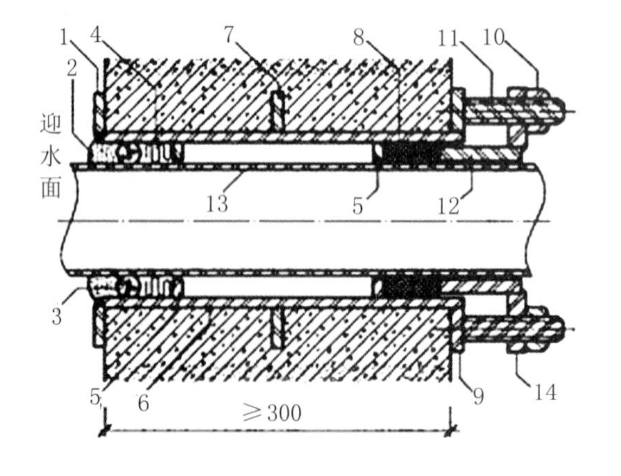

1—翼环；
2—嵌缝材料；
3—背衬材料；
4—填缝材料；
5—挡圈；
6—套管；
7—止水环；
8—橡胶圈；
9—翼盘；
10—螺母；
11—双头螺栓；
12—短管；
13—主管；
14—法兰盘

图 5-30 套管式穿墙管防水构造（单位：mm）

（2）单管穿墙防水处理

1）单管穿过刚性防水层。地下防水工程墙体和底板上所有的预埋管道及预埋件，按设计要求必须在浇筑混凝土前加以固定，经检查合格后，方可浇筑于混凝土内。

单管穿过刚性防水层时，处理方法有两种：一种是固定法；另一种是预留孔法。其中固定法适用于水压较小的地方，这时的防水处理比较简单，通常是在墙体内预埋一段钢管，钢管上要焊一止水环。预留孔法适用于水压较大的地方，其构造如图 5-31 所示。

预留孔法虽防水较好，但其焊接手续麻烦，更换修补比较困难，具体施工步骤如下：

①浇灌混凝土时，按管道尺寸预设孔洞，并在孔洞四周预埋套管及止水法兰盘。

②拆膜后，安装管道，在校正位置后，用钢板将管道的出入口处封口，管道、钢板和预埋件间均要焊牢，以避免铁件和混凝土间产生缝隙。

③在管道出口处钢板上开孔，灌热沥青玛蹄脂，再将孔口焊接封闭。

④在浇灌混凝土前，按照图 5-31 所示埋设带法兰的套管。

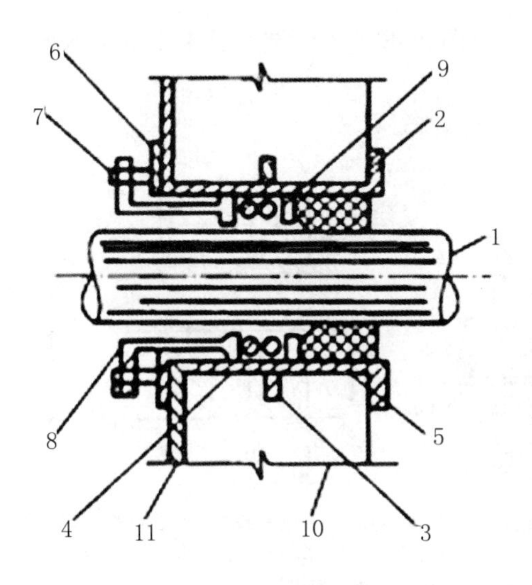

图 5-31　单管穿墙预留孔法防水构造

1—穿墙管；2—沥青麻刀；3—法兰盘；4—橡胶圈；5—预埋套管；6—金属垫板；7—压紧螺栓；8—压紧环；9—填料隔板；10—需防水的结构；11—钢板防水层

⑤混凝土硬化后，将穿墙管插进预留孔，在填料隔板的迎水面管缝间用柔性填料填嵌，在背水面一侧安装橡胶圈，然后再套上支座压紧环。

⑥均匀拧紧螺栓，保证橡胶圈充分挤实。

穿墙管道预埋套管要设置止水环，且必须满焊严密，如图 5-32 所示。

固定法施工分为现浇和预留洞后浇两种做法。虽然构造简单、施工方便，但都不适应变形，且不便更换，通常不宜采用。两种防水做法如图 5-33 所示。

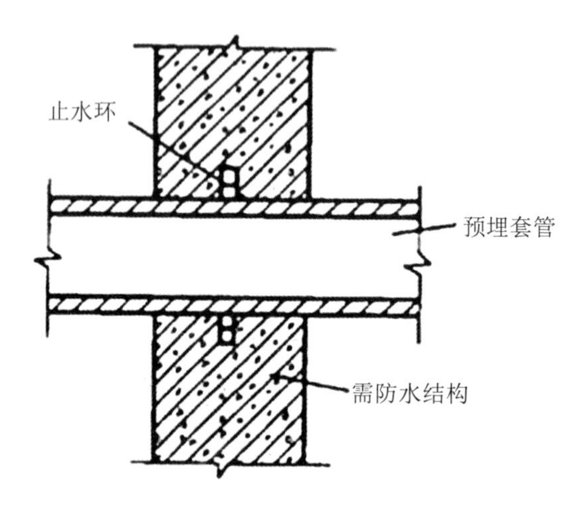

图 5-32　单管固定套管设置止水环

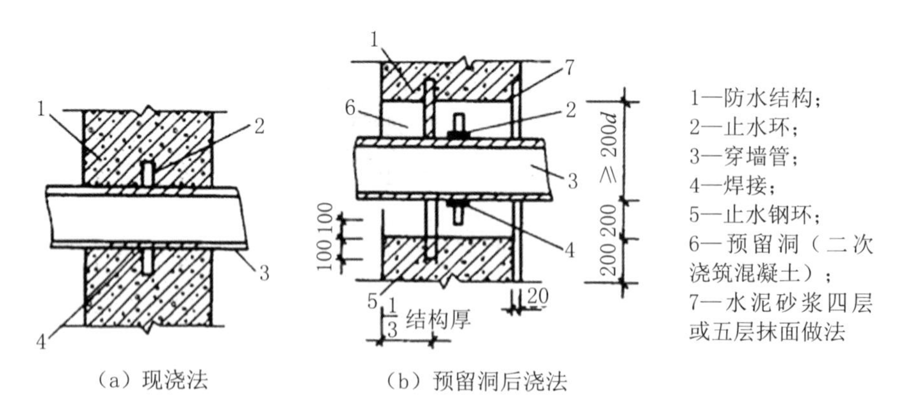

图 5-33　穿墙管两种防水做法（单位：mm）

2）单管穿过柔性防水层。单管穿过柔性防水层时，有固定式结合和活动式结合两种方式。固定式结合如图 5-34 所示，适用于无沉陷的结构。活动式结合如图 5-35 所示，适用于结构变形较大，或因温度变化影响而使管道有较大伸缩的结构。

若穿墙部位是砖结构，则在预埋管的附近应用混凝土浇筑。

若是热力管道，则需使其伸缩达到不致拉坏防水层，通常采用加套管的方法，通过两管间隙中填塞的柔性防水材料调剂管道的伸缩，因为这种防水构造很复杂，施工时要特别注意保证质量。

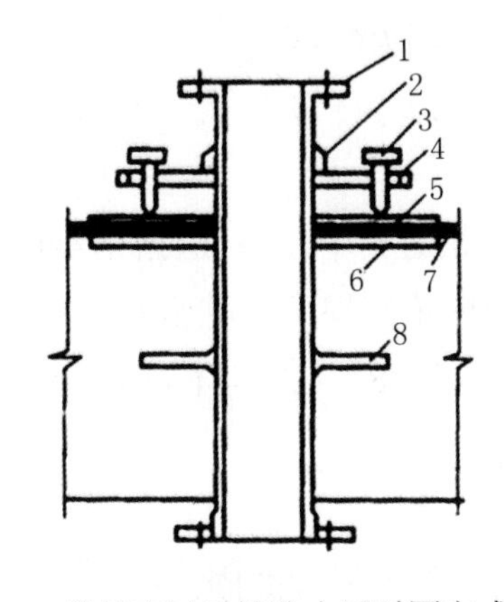

图 5-34 单管穿过柔性防水层时固定式结合

1—法兰盘；2—固定块；3—螺栓；4—支撑环；5—压紧环；6—固定环；7—防水层；8—止水环

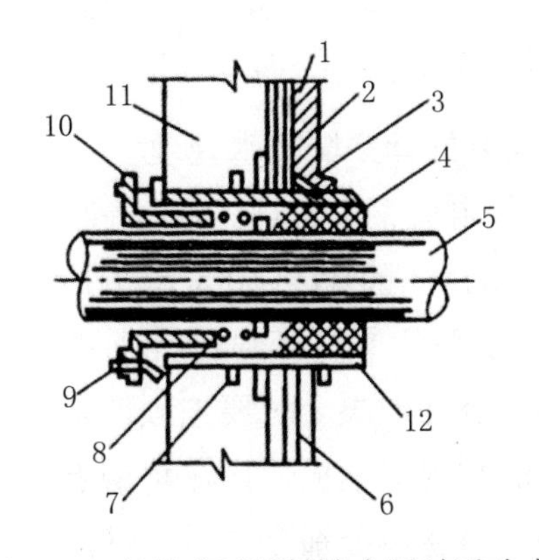

图 5-35 单管穿过柔性防水层时活动式结合

1—半砖保护墙；2—压紧支撑环；3—压紧支撑；4，8—沥青麻刀；5—管道；6—卷材防水层；7—法兰盘；9—压紧螺栓；10—压紧环；11—需防水结构；12—套管埋设件

卷材防水层与穿过防水层的管道连接处，如预埋套管具有法兰盘，粘贴宽度至少为 100mm，同时用夹板将卷材压紧。粘贴前应清除干净金属配件表面的尘垢和铁锈，刷上沥青。夹紧卷材的压紧板或夹板下面应用软金属片、再生胶油毡、石棉纸板或沥青玻璃布油毡衬垫。卷材防水层与管道预埋件的具体连接方法，如图 5-36（a）所示。

卷材防水层与穿过防水层的管道连接处，当预埋套管无法兰盘时，应逐层增加卷材附加层，如图 5-36（b）所示。在铺贴卷材前，应清理干净预埋套管上的铁锈、杂物。在第一层卷格铺贴后，及时铺贴一层圆环形及长条形卷材附加层，并用沥青麻刀缠牢，按照这种方法铺贴第二层及以后各层卷材和卷材附加层。最后一层卷材和卷材附加层设置完后，应缠上沥青麻刀，并涂上一层热沥青。穿墙管与套管之间的封口可选用铅捻口或石棉水泥打口。

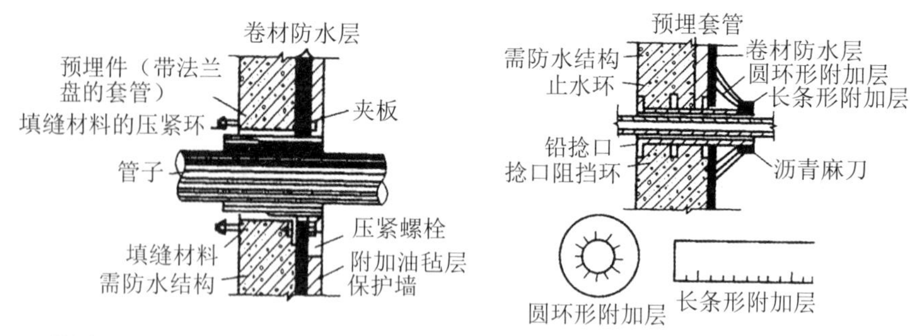

（a）管道埋设件与油毡防水层连接处的做法示意　（b）穿墙管铺贴卷材和附加卷材示意

图 5-36　单管穿过柔性防水层做法示意

3）群管穿墙防水处理

①群管钢板封口。若穿墙管线较多时，宜相对集中，同时应采用穿墙盒法。穿墙盒的封口钢板（图 5-37）应与墙上的预埋角钢焊严，并需沿钢板上的预留浇筑孔注入柔性密封材料或细石混凝土（图 5-38），其具体施工步骤如下：

a. 浇灌混凝土时要先预埋角钢；

b. 把封口钢板焊接在角钢上；

c. 将管道分别穿过封口钢板上的预留孔，并用焊管圈固定；

d. 向封口钢板的预留孔中灌筑沥青玛蹄脂，用来填塞麻刀间的空隙。

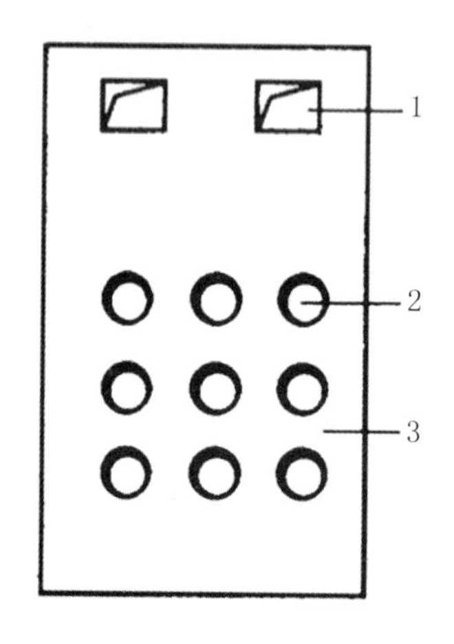

图 5-37　封口钢板

1—浇筑孔；2—预留孔；3—封口钢板

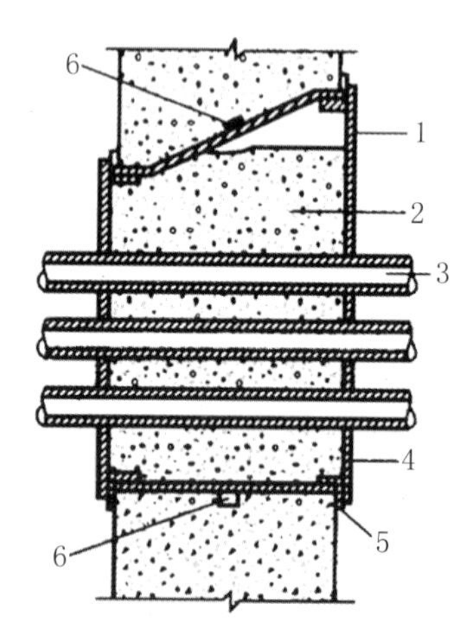

图 5-38　穿墙群管防水构造

1—浇筑孔；2—柔性材料或细石混凝土；3—穿墙管；4—封口钢板；5—固定角钢；6—遇水膨胀止水条

②群管金属箱封口。金属箱封口法，亦即在群管的出口处焊 1 个金属箱。群管穿过金属箱时，用沥青麻刀将群管间的空隙填塞，或用沥青油膏填实。适用于电缆封口处。

③群管集中放在管沟中穿墙。若管道比较集中时，单个处理每根管的穿墙将会相当复杂，这时可以将各种管道放在管沟中，如此只需集中处理好沟与墙交接处的防水即可，其做法与单管穿墙做法或主体工程同连接通道间的变形缝做法相同。

第六节 质量要求

在地下工程防水施工时，必须经排水措施，将施工范围内的地下水位，降低至防水层底部标高 500mm 以下。

1. 地下建筑工程的质量要求

1）防水混凝土应密实，表面应平整，不得有露筋、蜂窝等缺陷；裂缝宽度应符合设计要求。

2）防水混凝土的抗压强度的抗渗压力必须符合设计要求。

3）水泥砂浆防水层应密实、平整、粘结牢固，不得有空鼓、裂纹、起砂、麻面等缺陷；防水层厚度应符合设计要求。

4）卷材接缝应粘结牢固、封闭严密，防水层不得有损伤、空鼓、皱折等缺陷。

5）涂层厚度应符合设计要求。

6）涂层应粘结牢固，不得有脱皮、流淌、鼓泡、露胎、皱折等缺陷。

7）塑料板防水层应铺设牢固、平整，搭接焊缝严密，不得有焊穿、下垂、绷紧现象。

8）金属板防水层焊缝不得有裂纹、未熔合、夹渣、焊瘤、咬边、烧穿、弧坑、针状气孔等缺陷；保护涂层应符合设计要求。

9）变形缝、施工缝、后浇带、穿墙管道等防水构造应符合设计要求。

2. 特殊施工法防水工程的质量要求

1）内衬混凝土表面应平整，不得有孔洞、露筋、蜂窝等缺陷。

2）锚喷支护、地下连续墙、复合式衬砌等防水构造应符合设计要求。

3）盾构法隧道衬砌自防水、衬砌外防水涂层、衬砌接缝防水和内衬结构防水应符合设计要求。

3. 排水工程的质量要求

1）排水系统不淤积、不堵塞，确保排水畅通。

2）反滤层的石粒径、砂、含泥量和层次排列应符合设计要求。

3）排水沟断面和坡度应符合设计要求。

4. 注浆工程的质量要求

1）注浆效果应符合设计要求。

2）注浆孔的间距、深度及数量应符合设计要求。

3）地表沉降控制应符合设计要求。

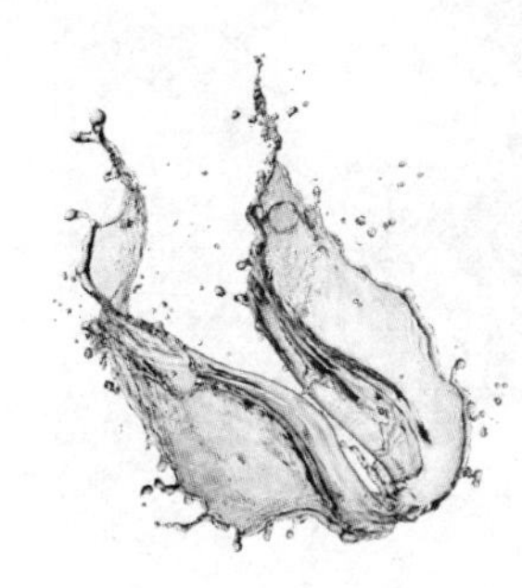

第六章 厕浴间防水

第一节 厕浴间防水施工

由于厕浴间管道多（图 6-1）、工作面小、基层结构复杂，因此用涂膜防水材料，比用防水卷材更为合适。

涂膜防水施工是在混凝土或水泥砂浆基层上涂刷一定厚度的无定型液态高分子合成材料，经过常温交联，固化形成一种具有橡胶状弹性涂膜，从而具有防水功能。

图 6-1 厕浴间管道

1. 施工条件

防水施工前，所有管件、卫生设备、地漏等都必须安装牢固，接缝紧密。管道根部应用水泥砂浆或振捣密实混凝土填实，用密封膏嵌严（图 6-2）。地面坡度为 2%，向地漏处排水，地漏周围半径 50mm 之内排水坡度为 3% ～ 5%，地漏处一般低于地面 20mm。

图 6-2 管道根部处理

上水管、热水管、暖气管应加套管，套管应高出基层 20 ～ 40mm。对光线较差的厕浴间，应准备足够的照明（图 6-3）。基层应干燥、含水率不大于 9%。阴阳角应抹成半径为 20 ～ 50mm 的圆弧形；找平层应平整、坚实、抹光、无麻面、起砂、松动及凹凸不平的现象。

图 6-3 照明

2. 施工前准备

防水涂料进场时，应有产品合格证，并按要求进行取样进行复验，包括固体含量、抗拉强度、延伸率、不透水性、低温柔性、耐高温性能以及涂膜干燥时间等，同时应准备好所需的辅料。按施工要求准备好所需要的机具。

3. 卫生间涂膜施工

卫生间涂膜防水以聚氨酯防水涂料使用的较多，施工方法如下：

聚氨酯防水涂料施工工艺流程：清理基层→涂刷基层处理剂→涂刷附加

层防水涂料→涂刮第一遍涂料→涂刮第二遍涂料→涂刮第三遍涂料（达到厚度要求并验收）→第一次蓄水试验→稀撒砂粒→质量验收→保护层施工（装修面层施工完毕）→第二次蓄水试验→质量验收。

聚氨酯防水涂料施工，详见表 6-1。

聚氨酯防水涂料施工 表 6-1

步骤	图示及说明
清理基层	将基层清扫干净，基层应做到找坡正确、排水顺畅，表面平整坚实，无起灰、起砂、起翘及开裂的现象。涂刷基层处理剂之前，基层表面应达到干燥状态。  
涂刷基层处理剂	基层处理剂为低粘度聚氨酯，可以起到隔离基层潮气，提高涂膜与基层粘接强度的作用。 施涂前，将聚氨酯先在阴阳角、管道根部涂刷一遍，然后以进行大面积涂刷。涂刷后应干燥 4 小时以上，才能进行下道工序的施工。  
涂刷附加层防水涂料	在地漏、阴阳角、管子根部等易渗漏的部位，均匀涂刷一遍防水涂料，并增加附加层。地漏处防水附加层应卷入地漏，确保地漏与基层的密闭性。 

续表

步骤	图示及说明
涂刮第一遍涂料	将聚氨酯用胶皮刮板均匀涂刷一遍，操作时要尽量保持厚薄一致，用料量为 0.8～1.0kg/m²；立面涂刮高度不应小于150mm，立面涂刮高度一般到1.5m；淋浴位置最好做到1.8m，保证防潮效果达到最佳。
涂刮第二遍涂料	待第一遍涂料固化干燥后，要按上述方法涂刮第二遍涂料。涂刮方向应与第一遍相垂直，用料量与第一遍相同。
涂刮第三遍涂料	待第二遍涂料涂膜固化后，再按上述方法涂刮第三遍涂料，用料量为 0.4～0.5kg/m²。
第一次蓄水试验	待防水层完全干燥以后，进行第一次蓄水试验，蓄水试验 24h 以后无渗漏时为合格。
稀撒砂粒	为了增加防水涂膜与粘接饰面层的黏结力，在防水层表面，需边涂聚氨酯防水涂料边稀撒砂粒，砂粒不得有棱角，砂粒粘接固化后即可进行保护层施工。未粘接的砂砾应清扫回收。

续表

步骤	图示及说明
保护层施工	防水层蓄水试验不漏、质量检验合格后，即可进行保护层施工或粘铺地面砖、陶瓷锦砖等饰面层。施工时应注意成品保护，不得破坏防水层。
第二次蓄水试验	厕浴间装饰工程全部完成后，工程竣工前，还要进行第二次蓄水试验，以检验防水层完工后是否被损坏，蓄水试验合格后，厕浴间的防水施工才算真正完成。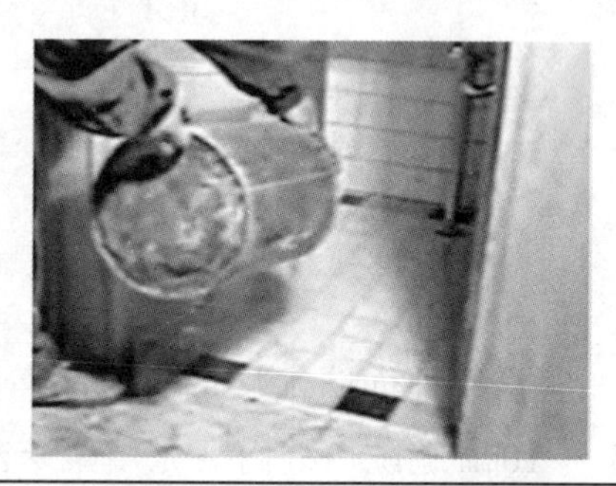

第二节 厕浴间各节点防水构造

1. 穿楼板管道

（1）基本规定

1）穿楼板管道通常包括冷水管、暖气管、热水管、煤气管、污水管、排汽管等。一般均在楼板上预留管孔或采用手持式薄壁钻机钻孔成型，再安装立管。管孔宜比立管外直径大40mm以上，若是热水管、暖气管、煤气管时，则应在管外加设钢套管，套管上口应高出地面20mm，下口与板底齐平，留管缝2～5mm。

2）单面临墙的管道，通常离墙应不小于50mm，双面临墙的穿道，一边离墙不低于50mm，另一边离墙不低于80mm，如图6-4所示。

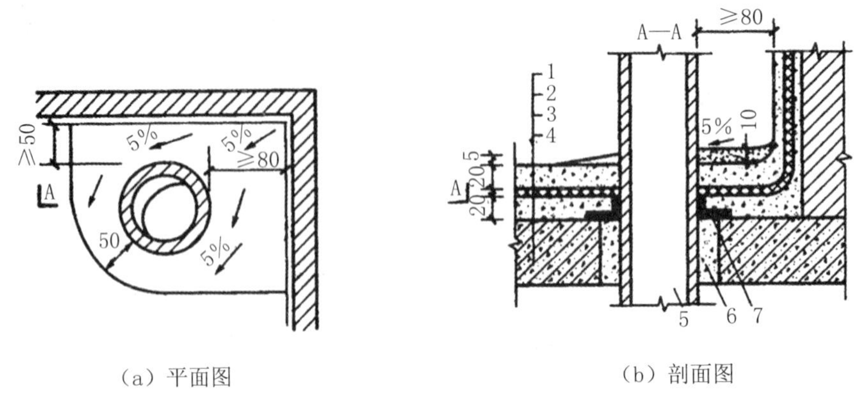

（a）平面图　（b）剖面图

图6-4　厕浴间、厨房间穿楼板管道转角墙构造示意（单位：mm）

1—水泥砂浆保护层；2—涂膜防水层；3—水泥砂浆找平层；4—楼板；5—穿楼板管道；6—补偿收缩嵌缝砂浆；7—L形橡胶膨胀止承条

3）穿过地面防水层的预埋套管需高出防水层20mm，管道与套管间要留设5～10mm缝隙，缝内要先填聚苯乙烯（聚乙烯）泡沫条，再用密封材料封口，并在其周围加大排水坡度，如图6-5所示。

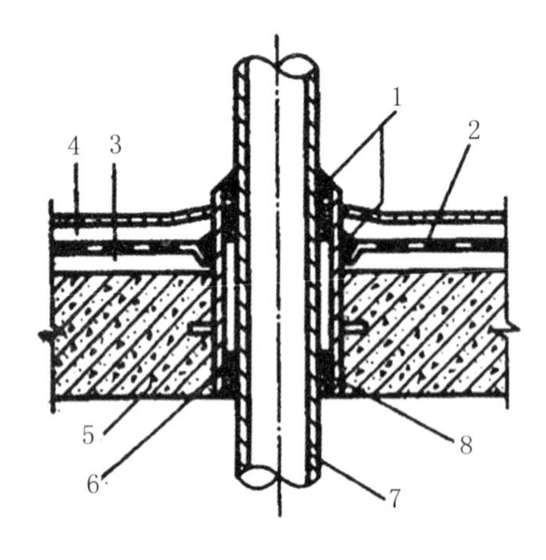

图6-5　穿过防水层管套

1—密封材料；2—防水层；3—找平层；4—面层；5—止水环；6—预埋套管；7—管道；8—聚苯乙烯（聚乙烯）泡沫

(2) 防水构造

穿楼板管道的防水构造的处理方法有两种：一种是在管道周围嵌填 UEA 管件接缝砂浆，如图 6-6 所示；另一种是在上述基础上，在管道外壁箍贴膨胀橡胶止水条，如图 6-7 所示。

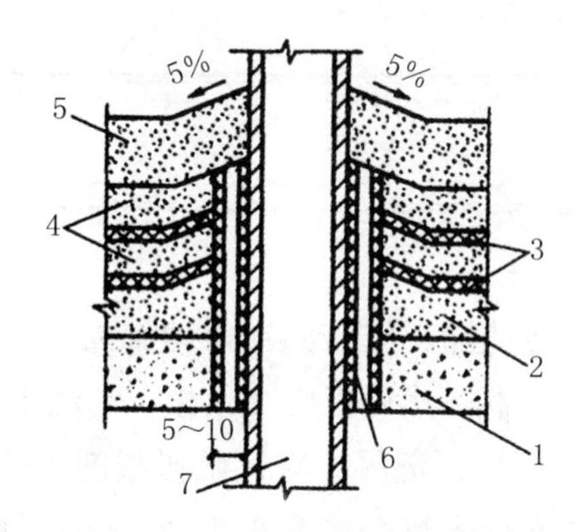

图 6-6　穿楼板管道嵌填 UEA 管件接缝砂浆防水构造（单位：mm）

1—钢筋混凝土楼板；2—UEA 砂浆垫层；3—10%UEA 水泥素浆；4—（10% ～ 12%UEA）1:2 防水砂浆；5—（10% ～ 12%UEA）1:（2 ～ 2.5）砂浆保护层；6—（15%UEA）1:2 管件接缝砂浆；7—穿楼板管道

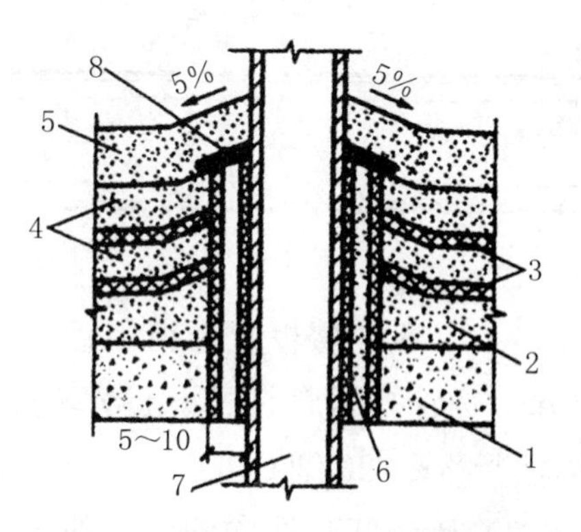

图 6-7　穿楼板管道箍贴膨胀橡胶止水条防水构造（单位：mm）

1—钢筋混凝土楼板；2—UEA 砂浆垫层；3—10% UEA 水泥素浆；4—（10% ～ 12%UEA）1:2 防水砂浆；5—（10% ～ 12%UEA）1:（2 ～ 2.5）砂浆保护层；6—（15%UEA）1:2 管件接缝砂浆；7—穿楼板管道；8—膨胀橡胶止水条

(3) 施工要求

1）在立管安装固定后，要凿除管孔四周松动石子，如遇管孔过小则应按规定要求凿大，然后在板底支模板，孔壁洒水湿润，刷 108 胶水一遍，灌 C20 细石混凝土，比板面低 15mm 并捣实抹平。细石混凝土中宜掺微膨胀剂。终凝后洒水养护，两天内不得碰动管子。

2）待灌缝混凝土达到一定强度后，清理干净管根四周及凹槽内并令其干燥，凹槽底部要垫牛皮纸或其他背衬材料，并在凹槽四周及管根壁涂刷基层处理剂。再将密封材料挤压在凹槽内，并用腻子刀用力刮压并与板面齐平，确保其饱满、密实、无气孔。

3）地面施工找坡、找平层时，在管根四周均需留有 15mm 宽缝隙，待地面施工防水层时，再二次嵌填密封材料将其封严，以便使密封材料与地面防水层连接。

4）清除管道外壁200mm高范围内的灰浆和油污杂质，涂刷基层处理剂，再依据设计要求涂刷防水涂料。如立管有钢套管时，用密封材料将套管上缝封严。

5）地面面层施工时，在管根四周50mm处，至少应高出地面5mm，呈馒头形。当立管位置在转角墙处，应留出向外5%的坡度。

2. 地漏

1）一般在楼板上预留出管孔，然后安装地漏。安装固定好地漏立管后，清除干净管孔四周的混凝土松动石子，浇水湿润，然后板底支模板，灌注1:3水泥砂浆或C20细石混凝土，捣实、堵严、抹平，混凝土应掺微膨胀剂。

2）厕浴间垫层向地漏处找1%～3%坡度，当垫层厚度小于30mm时需用水泥混合砂浆；当大于30mm时需用水泥炉渣材料或用C20细石混凝土一次找坡、找平、抹光。

3）地漏上口四周要用20mm×20mm密封材料封严，上面要做涂膜防水层，如图6-8所示。

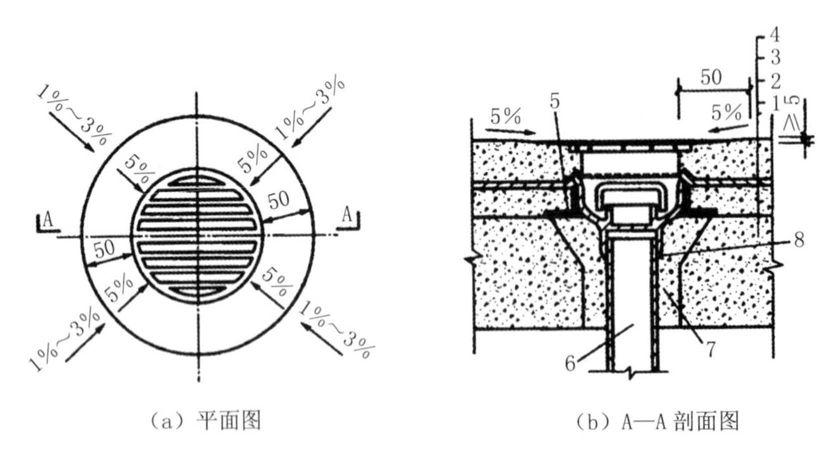

图6-8 地漏口防水做法示意（单位：mm）

1—钢筋混凝土楼板；2—水泥砂浆找平层；3—涂膜防水层；4—水泥砂浆保护层；5—膨胀橡胶止水条；6—主管；7—补偿收缩混凝土；8—密封材料

4）地漏口周围和直接穿过地面或墙面防水层的管道及预埋件的周围与找平层之间应预留出宽10mm、深7mm的凹槽，并用密封材料嵌填，如图6-9、图6-10所示，地漏离墙面的净距离宜为50～80mm。

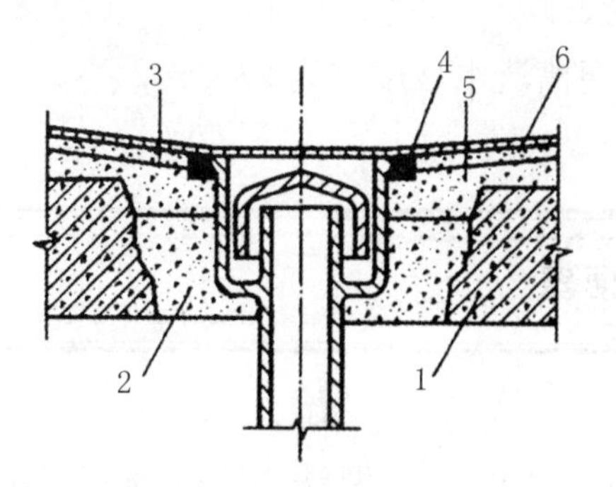

图6-9 地漏口（一）

1—楼板；2—干硬性细石混凝土；
3—聚合物水泥砂浆；4—密封材料；
5—找平层；6—面层

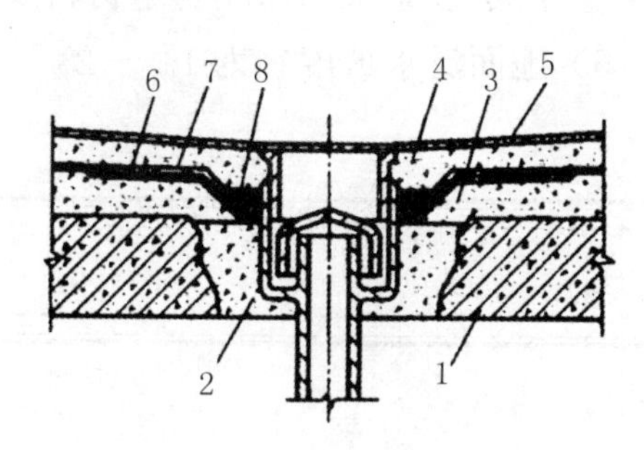

图6-10 地漏口（二）

1—楼板；2—干硬性细石混凝土；3—找平层；
4—底层；5—面层；6—柔性防水层；
7—附加防水层；8—密封材料

3. 小便槽

1）小便槽防水构造，如图6-11所示。

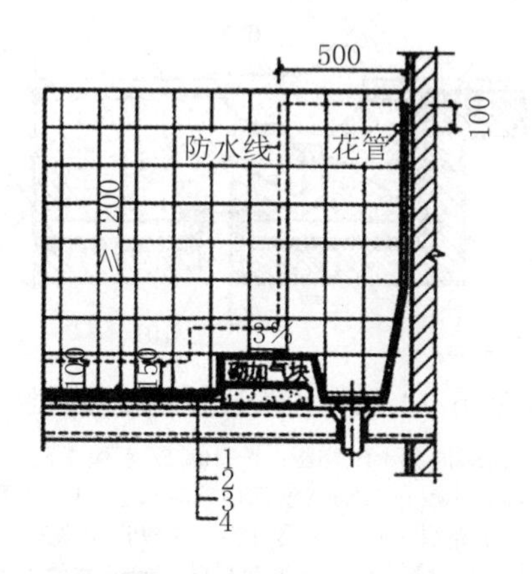

图6-11 小便槽防水剖面（单位：mm）

1—面层材料；2—涂膜防水层；
3—水泥砂浆找平层；4—结构层

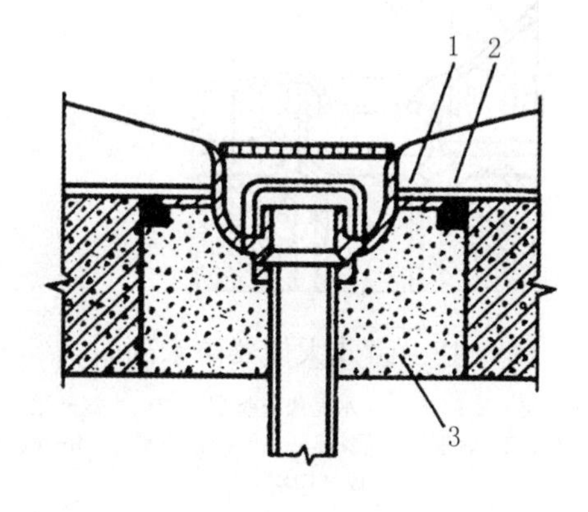

图6-12 小便槽地漏处防水托盘

1—防水托盘；2—20mm×20mm凹槽内嵌
填密封材料；3—细石混凝土灌孔

2）楼地面防水需做在面层下面，四周卷起至少 250mm 高。小便槽防水层与地面防水层交圈，立墙防水需做到花管处以上 100mm，两端展开 500mm 宽。

3）小便槽地漏做法，如图 6-12 所示。

4）防水层宜采用涂膜防水材料及做法。

5）地面泛水坡度宜为 1% ～ 2%，小便槽泛水坡度宜为 2%。

4. 大便器

1）当大便器立管安装固定后，同穿楼板立管做法用 C20 细石混凝土灌孔堵严抹平，并在立管接口处四周嵌填密封材料交圈来封严，尺寸为 20mm×20mm，上面防水层需做至管顶部，如图 6-13 所示。

2）蹲便器与下水管相连接的部位因最易发生渗漏，所以应选与两者（陶瓷与金属）都有良好黏结性能的密封材料进行严密封闭，如图 6-14 所示。下水管穿过钢筋混凝土现浇板的处理方法同穿楼板管道防水做法，膨胀橡胶止水条的粘贴方法同穿楼板管道箍贴膨胀橡胶止水条防水做法。

3）采用大便器蹲坑时，在大便器尾部进水处与管接口可选用沥青麻刀及水泥砂浆封严，并外抹涂膜防水保护层。

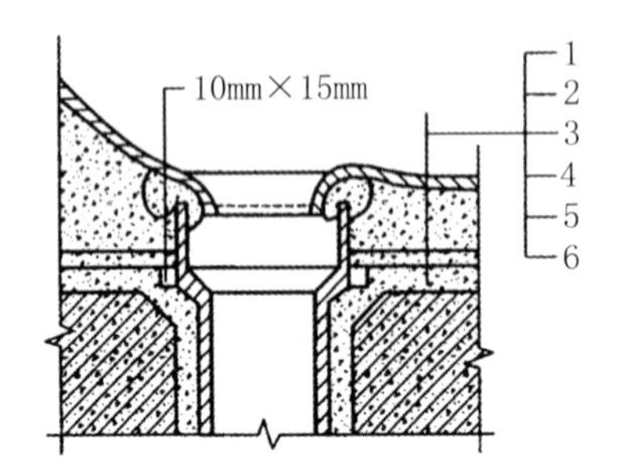

图 6-13　蹲式大便器防水剖面

1—大便器底；2—1:6 水泥焦渣垫层；3—水泥砂浆保护层；4—涂膜防水层；5—水泥砂浆找平层；6—楼板结构层

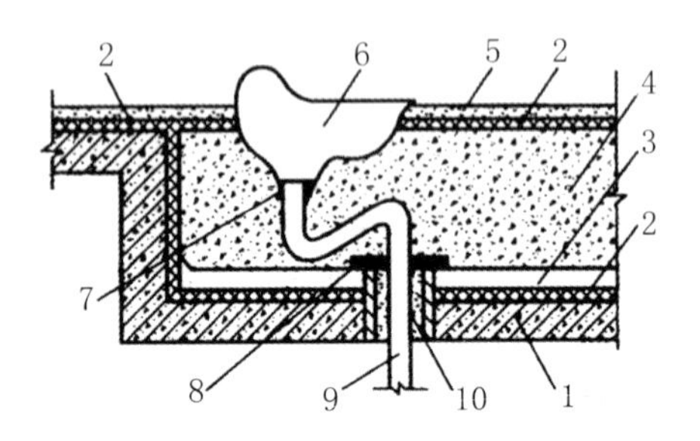

图 6-14　蹲便器下水管防水构造

1—钢筋混凝土现浇板；2—10%UEA 水泥素浆；3—20mm 厚 10% ～ 12%UEA 水泥砂浆防水层；4—轻质混凝土填充层；5—15mm 厚 10% ～ 12%UEA 水泥砂浆防水层；6—蹲便器；7—密封材料；8—遇水膨胀橡胶止水条；9—下水管；10—15%UEA 管件接缝填充砂浆

大便器蹲坑根部防水做法，如图 6-15 所示。

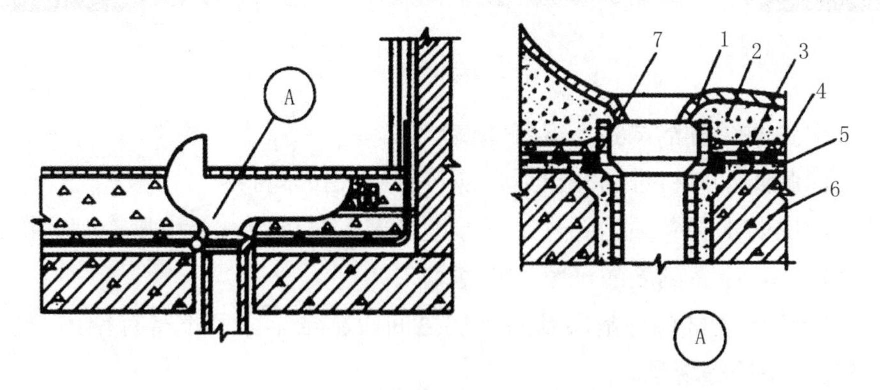

图 6-15 大便器蹲坑根部防水构造

1—大便器底；2—1:6 水泥炉渣垫层；3—15mm 厚 1:2.5 水泥砂浆保护层；4—涂膜防水层；5—20mm 厚 1:2.5 水泥砂浆找平层；6—结构层；7—20mm×20mm 密封材料交圈封严

5. 预埋地脚螺栓

厕浴间的坐便器，固定时通常选用的是细而长的预埋地脚螺栓。因应力较集中，容易造成开裂，若防水处理不好，很容易在此处渗漏。其防水处理的方法是：将横截面为 20mm×30mm 的遇水膨胀橡胶止水条截成 30mm 长的块状，然后将其压成厚度为 10mm 的扁饼状材料，且在中间穿孔。孔径要略小于螺栓直径，铺抹 10% ～ 20%UEA 防水砂浆 [水泥 : 砂＝1:（2 ～ 2.5）] 保护层之前，把止水薄饼套入螺栓根部，将其平贴在砂浆防水层上即可，如图 6-16 所示。

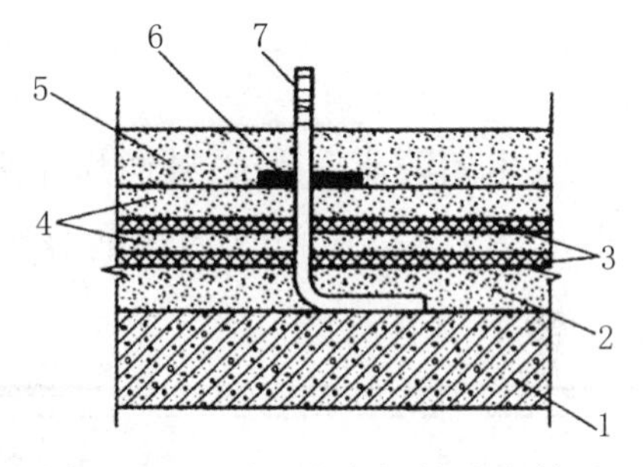

图 6-16 预埋地脚螺栓防水构造

1—钢筋混凝土楼板；2—UEA 砂浆垫层；3—10%UEA 水泥素浆；4—10% ～ 12%UEA 防水砂浆；5—10% ～ 12%UEA 砂浆保护层；6—扁平状膨胀橡胶止水条；7—地脚螺栓

第三节 厕浴间防水工程质量要求

1）卫生间经蓄水试验不得有渗漏现象。

2）涂膜防水材料进场复检后，应符合有关技术标准。

3）涂膜防水层必须达到规定的厚度（施工时可用材料用量控制，检查时可用针刺法），应做到表面平整，厚薄均匀。

4）胎体增强材料与基层及防水层之间应粘结牢固，不得有空鼓、翘边、折皱及封口不严等现象。

5）排水坡度应符合设计要求，不积水，排水系统畅通，地漏顶应为地面最低处。

6）地漏管根等细部防水做法应符合设计要求，管道畅通，无杂物堵塞。

第四节 厕浴间防水工程质量通病与防治

卫生间防水工程质量通病主要有地面汇水倒坡、墙面返潮和地面渗漏、地漏周围渗漏、立管四周渗漏等。

1. 地面汇水倒坡

（1）原因

地漏偏高，集水汇水性差，表面层不平有积水，坡度不顺或排水不通畅或倒流水。

（2）防治方法

1）地面坡度要求距排水点最远距离处控制在 2%，且不大于 30mm，坡向准确；

2）严格控制地漏标高，且应低于地面表面 5mm；

3）卫生间地面应比走廊及其他室内地面低 20 ～ 30mm；

4）地漏处的汇水口应呈喇叭口形，集水汇水性好，确保排水通畅。严禁地面有倒坡和积水现象。

2. 墙面返潮和地面渗漏

（1）原因

1）墙面防水层设计高度偏低，地面与墙面转角处成直角状；

2）地漏、墙角、管道、门口等处结合不严密，造成渗漏；

3）砌筑墙面的猫土砖含碱性和酸性物质。

（2）防治方法

1）墙面上设有水器具时，其防水高度一般为 1500mm；淋浴处墙面防水高度应大于 1800mm；

2）墙体根部与地面的转角处，其找平层应做成钝角；

3）预留洞口、孔洞、埋设的预埋件位置必须准确、可靠。地漏、洞口、预埋件周边必须设有防渗漏的附加防水层措施；

4）防水层施工时，应保持基层干净、干燥，确保涂膜防水层与基层粘结牢固；

5）进场黏土砖应进行抽样检查，如发现有类似问题时，其墙面宜增加防潮措施。

3. 地漏周围渗漏

（1）原因

承口杯与基体及排水管接口结合不严密，防水处理过于简陋，密封不严。

（2）防治方法

1）安装地漏时，应严格控制标高，宁可稍低于地面，也决不可超高；

2）要以地漏为中心，向四周辐射找好坡度，坡向准确，确保地面排水迅速、通畅；

3）安装地漏时，先将承口杯牢固地粘结在承重结构上，再将浸涂好防水涂料的胎体增强材料铺贴于承口杯内，随后仔细地再涂刷一遍防水涂料，然后再插口压紧，最后在其四周再满涂防水涂料 1 ～ 2 遍，待涂膜干燥后，把漏勺放入承口内；

4）管口连接固定前，应先进行测量，复核地漏标高及位置正确后，方可对口连接、密封固定。

4. 立管四周渗漏

（1）原因

1）穿楼板的立管和套管未设止水环；

2）立管或套管的周边采用普通水泥砂浆堵孔，套管和立管之间的环隙未填塞防水密封材料；

3）套管和地面相平，导致立管四周渗漏。

（2）防治方法

1）穿楼板的立管应按规定预埋套管，并在套管的埋深处设置止水环；

2）套管、立管的周边应用微膨胀细石混凝土堵塞严密；套管和立管的环隙应用密封材料堵塞严密；

3）套管高度应比设计地面高出80mm；套管周边应做同高度的细石混凝土防水护墩。

注：凡热水管、暖气管等穿过楼板时需加套管。套管高出地面不少于20mm，加上楼板结构层、找坡层、找平层及面层的厚度，套管长度一般约110～120mm；套管内径要比立管外径大2～5mm。而止水环一般焊于套管的上端向下50mm处，在止水环周围应用密封材料封嵌密实。

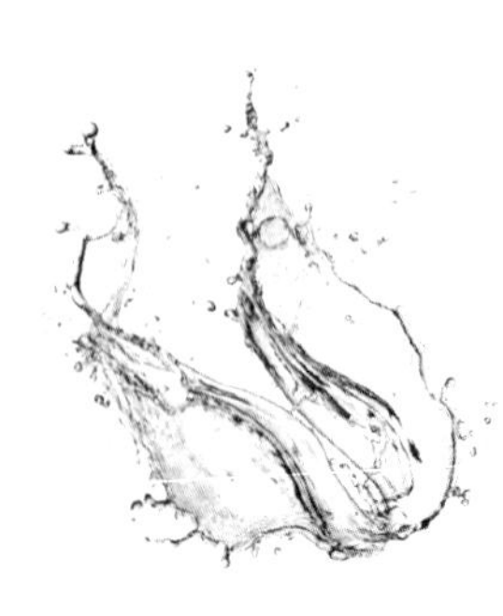

第七章 防水工程施工质量验收

第一节 施工质量验收的形式与依据

1. 施工质量验收的形式

建筑工程施工质量验收分为以下两种基本形式：

1）工程施工过程的中间验收

工程施工过程的中间验收主要指对分项工程的验收、分部工程的验收和单位工程的验收。防水工程施工质量验收属中间验收。工程的中间验收由施工单位自行组织，并经现场监理工程师检查认可，作好对工程中间验收的记录，特别是对隐蔽工程和重要部位的分项工程，监理工程师应检查验收签证。工程的中间验收记录和验收签证是工程竣工验收的重要依据。

2）工程项目的竣工验收

建设各方应作好工程竣工验收的准备工作，施工单位应事先作好工程项目竣工的预验收，预验收合格后，施工单位应当提出工程项目竣工验收的申请，根据工程验收申请，监理工程师组织业主、设计单位与施工单位对工程项目进行初步验收，初步验收合格后，由业主组织由监理单位、设计单位、施工单位和建设主管部门等有关人员参加对工程项目进行正式验收。

2. 施工质量验收的依据

工程施工质量验收的主要依据有：上级主管部门批准的设计任务书；设计文件、施工图纸、标准图集及其他有关说明；招标投标文件及各类建设合同；质量评定资料及等级核定；图纸会审记录、设计变更及技术核定签证单；现行施工验收标准和规范；协作配合协议及承包商提出的有关工程项目质量保证文件等。

对国外引进的新技术或进口成套设备项目，还应按照签订的合同和提供的设计文件等资料进行验收。

第二节 防水工程检验批的划分与验收

1. 检验批的划分

（1）屋面工程检验批划分

屋面工程验收时应将分项工程划分成一个或若干个检验批，以检验批作为工程质量检验的最小单位。屋面工程各分项工程的施工质量检验批划分，应符合以下规定：

1）如屋面标高不同，不同标高处的屋面宜单独作为一个检验批进行验收。

2）如屋面工程划分施工段，各构造层次分段施工时，各施工段宜单独作为一个检验批进行验收。

3）当屋面有变形缝时，变形缝两侧宜作为两个检验批进行验收。

4）接缝密封防水，宜以接缝长度 500m 为一个检验批，每 50m 抽查一处，每处 5m，当一个检验批的接缝长度小于 150m 时，抽查的部位不得少于 3 处。

5）卷材防水屋面、涂膜防水屋面、刚性防水屋面、瓦屋面和隔热屋面工程，宜以屋面面积 1000m^2 左右为一个检验批，每 100m^2 抽查一处，每处抽查 10m^2，当一个检验批的面积小于 300m^2 时，抽查的部位不得少于 3 处。

6）屋面工程的细部构造，是屋面工程质量检验的重点，作为一个检验批进行全数检查。

（2）地下防水工程检验批划分

地下防水工程验收时应将分项工程划分成一个或若干个检验批，以检验批作为工程质量检验的最小单位。地下防水工程各分项工程的施工质量检验批，宜按以下原则划分：

1）当地下工程有变形缝时，变形缝两侧宜作为两个检验批进行验收。

2）如地下防水工程划分施工段，各分项工程分段施工时，各施工段宜单独作为一个检验批进行验收。

3）地下建筑工程的附加防水层，如水泥砂浆防水层、卷材防水层、涂料防水层、塑料板防水层、金属板防水层等，以施工面积 1000m^2 左右为一个检验批，每 100m^2 抽查一处，每处抽查 10m^2；当一个检验批的面积小于 300m^2 时，抽查的部位不得少于 3 处。

4）地下建筑工程的整体混凝土结构以外露面积 1000m^2 左右为一个检验批，每 100m^2 抽查一处，每处抽查 10m^2；当一个检验批的面积小于 300m^2 时，抽查的部位不得少于 3 处。

5）地下建筑防水工程的细部构造，如变形缝、施工缝、后浇带、穿墙管道、埋设件等，是地下防水工程检查验收的重点，作为一个检验批进行全数检查。

6）锚喷支护和复合式衬砌按区间或小于区间断面的结构以 100 ～ 200 延米为一个检验批，每处抽查 10m^2；当一个检验批的长度小于 30 延米时，抽查的部位不得少于 3 处。

7）地下连续墙以 100 槽段为一个检验批，每处抽查 1 个槽段，抽查的部位不得少于 3 处。

8）盾构法隧道以 200 环为一个检验批，每处抽查一环，抽查的部位不得少于 3 处。

9）预注浆、后注浆以注浆加固或堵漏面积 1000m^2 为一个检验批，每处抽查 10m^2；当一个检验批的面积小于 300m^2 时，抽查的部位不少于 3 处。

10）排水工程可按排水管、沟长度1000m为一个检验批，每处抽查10m，或将排水管、沟以轴线为界分段，按排水管、沟数量1000个为一个检验批，每处抽查1段，抽查数量不少于3处。

11）衬砌裂缝注浆以可按裂缝条数100条为一个检验批，每条裂缝为一处；当裂缝条数少于30条时，抽查的条数不少于3条。

2. 检验批的验收

检验批应由监理工程师或建设单位项目技术负责人组织施工单位项目专业质量（技术）负责人验收。检验批合格质量应符合下列规定：

1）具有完整的施工操作依据、质量检查记录；

2）主控项目和一般项目的质量经抽样检验合格。

第三节 防水工程质量验收

1. 分项工程验收

分项工程应由监理工程师或建设单位项目技术负责人组织施工单位项目专业质量（技术）负责人进行验收。分项工程质量验收合格应符合下列规定：

1）分项工程所含的检验批的质量验收记录应完整；

2）分项工程所含的检验批均应符合合格质量的规定。

2. 分部工程或子分部工程验收

子分部工程和分部工程应由总监理工程师或建设单位项目负责人组织施工单位项目负责人和技术、质量负责人等进行验收。分部工程和子分部工程质量验收合格应符合下列规定：

1）分部工程或子分部工程所含分项工程的质量均验收合格。

2）质量控制资料应完整。质量控制资料包括防水设计、施工方案、材料质量证明文件、技术交底记录、中间检查记录、工程检查记录和施工日志等。

3）屋面工程和水落管观感质量检查合格并有完整记录。

4）屋面工程淋水试验合格并有完整记录。

5）地下室防水效果检查合格并有完整记录。

3. 隐蔽工程验收

（1）屋面工程隐蔽工程验收

屋面工程在施工过程中，应认真进行隐蔽工程的质量检查和验收工作，并及时做好隐蔽验收记录。屋面工程隐蔽验收记录应包括以下主要内容：卷材、涂膜防水层的基层；密封防水处理部位；天沟、檐沟、泛水和变形缝等细部做法；卷材、涂膜防水层的搭接宽度和附加层；刚性保护层与卷材、涂膜防水层之间设置的隔离层。

（2）地下防水工程隐蔽工程验收

地下防水工程施工过程中，应认真进行隐蔽工程的质量检查和验收工作，并及时做好隐蔽验收记录。地下防水工程隐蔽验收记录应包括以下主要内容：卷材、涂料防水层的基层；防水混凝土结构和防水层被掩盖的部位；变形缝、施工缝等防水构造的做法；管道设备穿过防水层的封固部位；渗排水层、盲沟和坑槽衬砌前围岩渗漏水处理；基坑的超挖和回填。

第四节 防水工程竣工验收资料管理

1. 屋面工程竣工验收资料管理

屋面工程在开始施工到验收的整个过程中，应不断收集有关资料，并在分部工程验收前完成所有资料的整理工作，交监理工程师审查合格后提出分部工程验收申请，分部工程在完成验收后，应及时填写分部工程质量验收记录，交建设单位和施工单位存档。

屋面工程验收的文件和记录应按表 7-1 要求执行。

屋面工程验收的文件和记录　　表 7-1

序号	项目	文件和记录
1	防水设计	设计图纸及会审记录、设计变更通知单和材料代用核定单
2	施工方案	施工方法、技术措施、质量保证措施
3	技术交底记录	施工操作要求及注意事项
4	材料质量证明文件	出厂合格证、质量检验报告和试验报告
5	中间检查记录	分项工程质量验收记录、隐蔽工程验收记录、施工检验记录、淋水或蓄水检验记录
6	施工日志	逐日施工情况
7	工程检验记录	抽样质量检验及观察检查
8	其他技术资料	事故处理报告、技术总结

2. 地下防水工程竣工验收资料管理

地下防水工程在开始施工到验收的整个过程中，应不断收集有关资料，并在子分部工程验收前完成所有资料的整理工作，交监理工程师审查合格后提出子分部工程验收申请，子分部工程在完成验收后，应及时填写子分部工程质量验收记录，交建设单位和施工单位存档。地下防水工程验收的文件和记录应按表 7-2 要求执行。

地下防水工程验收的文件和记录 表 7-2

序号	项目	文件和记录
1	防水设计	设计图纸及会审记录、设计变更通知单和材料代用核定单
2	施工方案	施工方法、技术措施、质量保证措施
3	技术交底	施工操作要求及注意事项
4	材料质量证明文件	出厂合格证、质量检验报告和试验报告
5	中间检查记录	分项工程质量验收记录、隐蔽工程验收记录、施工检验记录
6	施工日志	逐日施工情况
7	混凝土、砂浆	试配及施工配合比，混凝土抗压、抗渗试验报告
8	施工单位资质证明	资质复印证件
9	工程检验记录	抽样质量检验及观察检查
10	其他技术资料	事故处理报告、技术总结

参考文献

[1] 中华人民共和国国家标准. 屋面工程质量验收规范 GB 50207—2012[S]. 北京：中国建筑工业出版社，2012.

[2] 中华人民共和国国家标准. 屋面工程技术规范 GB 50345—2012[S]. 北京：中国建筑工业出版社，2012.

[3] 中华人民共和国国家标准. 地下防水工程质量验收规范 GB 50208—2011[S]. 北京：中国建筑工业出版社，2011.

[4] 中华人民共和国国家标准. 地下工程防水技术规范 GB 50108—2008[S]. 北京：中国建筑工业出版社，2008.

[5] 中华人民共和国国家标准. 防水沥青与防水卷材术语 GB/T 18378—2008[S]. 北京：中国标准出版社，2008.

[6] 魏平. 防水工程 [M]. 北京：科学出版社，2010.

[7] 王凤宝. 防水工实用技术手册 [M]. 武汉：华中科技大学出版社，2011.

[8] 谭进. 建筑防水工程施工 [M]. 北京：人民交通出版社，2011.